建設技術者のための

地形図判読演習帳
初・中級編

井上公夫・向山　栄著

古今書院

推薦のことば

中央大学名誉教授 **鈴木隆介**

　日本は自然災害の多い国である。毎年，日本のどこかで，年中行事のように台風や集中豪雨に伴って土砂崩れ，崖崩れ，地すべり，土石流，河川氾濫・侵食，高波，高潮などが発生する。十数年ごとに，日本のどこかで，強い地震が発生し，それによって崖崩れ，地すべり，土石流，それらによる河道閉塞（天然ダム形成），津波などが広域的に発生する。さらには，日本のどこかの火山が十数年ごとに噴火する。これらの自然現象によって，人間活動にとって好ましくない物質移動（大気，水，岩石，さらに植物，構造物などの急激な移動）が起こったとき，それを自然災害とよぶ。

　大規模な自然災害が発生するときは，地表を作っている土や岩が必ず動き，それによって何らかの地形変化が生じる。言い換えると，地形すなわち地球表面の起伏形態（山，谷，平地など）は，それらの土や岩の移動の結果として生じた起伏（凹凸）であり，今後も変化する。したがって，任意地区の地形はその地区で過去に起こった物質移動の結果（積分）であるから，地形と物質移動との因果関係がわかっていれば，地形から過去および将来の物質移動を遡って知ったり（遡知），予想したり（予知）することができる。このことは，乳幼児，少年，青年，壮年，老年へと顔が変わっていくので，人相を観察すれば，その人の過去や将来をおよそ推察できることと似ている。しかし，人相観察は，人の心を見抜けないので，見当外れになることが少なくない。一方，自然は正直でウソをつかないから，地形を注意深く観察すれば，その土地の過去および将来の顕著な地形変化すなわち自然災害に対する危険性を大過なく判別できる。その論理的基礎，つまり地形とその形成に関与した土や岩の移動との因果関係，を研究している科学分野が「地形学」である。

　しからば，地形をどのように観察するか。これが初めての人にはかなり難しいようである。地形は誰にでも見えるが，三次元の起伏をもつので，ある地点で地形を観察すると，地形の一側面しか見えない。たとえば，山頂に立つと，見晴らしが良いから，地形の大要はわかる。しかし，折り重なるように連なる尾根の手前の斜面は見えるが，尾根の反対側の斜面は見えない。このように，現地観察では四方八方を歩き回らない限り，三次元の地形の一部しか把握できないのである。

　三次元の地形を正確に把握するには，地形図を読むのが良策である。地形図は，複雑に見える地形の起伏を等高線によって表現し，海岸線，河川，崖，湿地，森林などの自然物体をはじめ，建物，交通路などの構造物を，一定の縮尺と記号で，真上からみた形で正射投影した図である。したがって，地形図を読めば，山や尾根の裏側も一瞬にしてわかる。

　ところが，土木・砂防・防災一般の実務者で，地形はおろか地形図のことを全く知らない人が少なくないようである。なぜなら，数年前に台風に起因して土砂災害・水害が広域的に発生した直後に，その地方の県庁職員で砂防に従事する未知の方からメールがあり，「災害復旧のために土砂崩れの位置を地形図に記したいが，職員が現地に行っても，現実の地形と地形図の対応が理解できず，全く作業ができなかった。要するに，等高線の意味がわからないから，自分のいる位置を地形図上で確認できない。ついては地形図の読図法を教えて下さる先生を紹介してください。」そこで，その地方に在住の適任者を紹介したところ，「上司に相談したら，そういう作業は専門家に任せればよいので，職員研修は不要である，と言われた」と返信があった。また，極端な例かも知れないが，大学院土木工学系専攻の学生に講義の後で，「先生，尾根って，何ですか？」と質問されて，愕然とした。

　このような事情を背景に，本書では，最初に尾根と谷の地形図上での判読法が丁寧に解説されている。その上で，広義の建設技術者しかもその初級技術者を読者対象として，地形図から土地の性状を判読するための基礎的な地形学的論理を，主として三次元的な地形の把握の困難な丘陵を例に，演習形式で解説している。演習教材として，2004年の中越地震で大被害のあった旧山古志村を中心とする丘陵を具体例とし，多種多様な地形図や関連図について多数の演習問題が出題され，そのヒント，基礎的知識，作業手順および回答が与えられている。文章は「であります」調であるから，親しみやすい。したがって，読者は，設問をまず良く理解し，解説されている通りに地形図の読図や作図（図上作業・計測）をすれば，しだいに等高線の意味，地形図の読み方，地形の見方が習得されるであろう。

　本書の後半では，中越地震で発生した土砂災害について，多数の現地撮影の地上写真や空中写真を駆使して，現場のどこで，どの方向から地形を観察し，土砂災害の実態調査をどのように進めるか，が具体例で解説されている。そして，最後に中越地震による丘陵全体の地形変化をどのように解釈するか，つまり自然災害に関わる地形調査結果のまとめ方が実例で解説されている。

　このように，本書は，前述の某県における土砂災害調査に従事しようとする職員や初級技術者などにとってすぐに役立つ入門書である。ただし，本書は『初・中級編』となっているが，地形図を初めて読む読者にはかなり難しいかも知れない。本書は読み流す本ではないから，とにかく演習問題の作図などを自らの手で作業することが大切である。学問に王道はない。本書で述べられた事柄を一応理解されたら，次のステップとして，本書の共著者の一人の井上氏による『井上公夫（2006）建設技術者のための土砂災害の地形判読実例問題中・上級編，古今書院，142 p.』に進まれることをお薦めする。

　共著者はともに建設・防災系の高名なコンサルタンツ会社の技術者として，多年にわたり防災対策に資するための地形・地質調査に従事してこられたベテラン技術者であり，かつ地形災害の先端的な研究者でもある。経験豊富なベテランの手口を学ぶためにも，本書を山地および丘陵における地形災害の調査・研究に従事する技術者・学生，さらに地形に馴染みの薄い地質・土木・砂防・農林関係の技術者に広く推薦する。

はじめに　土砂災害防止のための地形図読図（作図）演習

　山地での崩壊や地すべり，渓流における土砂の流出や堆積，さらに堆積地の再侵食といった土砂移動現象は，見方を変えれば，地形の変化・形成過程の一断面です。このような地形変化は，過去から現在に亘り，数十年に一度，数百年，数千年に一度という間隔で繰り返されてきたし，今後も同様に繰り返されると考えられます。

　本来，土砂移動（侵食・堆積）現象は，その土地のもつ環境要素，すなわち，地形・地質・土壌・植生・気候・水理（地表水と地下水）などの諸要素を反映して発生します。特に，大規模な土砂移動現象ほど，このような地形を形成してきた内的・外的因子が多くなるので，現象は複雑となっています。その中でも，地形要素は，その土地のもつ自然的性質と変化の歴史を総合的に表現していると判断されます。言い換えれば，現在の地形は，地表を構成する地質・地質構造・岩石の風化程度・侵食に対する抵抗性・これらに由来する土壌や植生・土地利用等を素因として持ち，地震や火山活動などの内的営力や気候・気象（梅雨・台風などの集中豪雨）などの外的営力が長い地学的な時間の中で作用し，相互に関連しつつ形成されてきたものです。しかも，これらの諸作用は過去から現在まで一様に働いていたわけではなく，その関わり方や強弱の変化を繰り返しながら，地形に影響を与え続けてきたものです。つまり，現在の地形は，過去の様々な環境要素が働きかけて形成された歴史的産物であるといえます。

　したがって，突発的に発生する土砂移動現象に起因する土砂災害を防止，あるいは軽減しようとする場合には，その土地のもつ環境要素，特にそれらが総合的に表現された地形特性を十分に理解した上で，自然の変化に調和的で，防災の目的にかなう対策が実施されなければなりません。特に，人為的な地形改変（切土・盛土・ダム湛水・土地利用の変化）の激しい日本では，このような観点から防災対策を見直す必要があります。防災対策を検討するという実践的な立場からは，将来予想される豪雨や地震時，並びに火山噴火時に，対象とする地域（特に人為的な地形改変を行った地区）にいかなる土砂移動（侵食・堆積）現象が起こるのかの見通しをもつ必要があります。このような地形変化の見通しをもつためには，土砂移動が発生した地区について，これらの現象と関連する地形（微地形）因子を抽出し，それらが形成されてきた経過や機構を地形発達史の中で位置付けながら総合的に解析する必要があります。

　私達コンサルタントが土砂災害軽減のための調査をはじめる時には，既存資料の収集・整理や地形図の読図（作図）・航空写真の判読から開始します。

　新潟県中越地震は2004年10月23日17時56分頃に新潟県中越地方で発生した地震です。震源の深さ約13kmで，マグニチュード（M6.8）の地震となり，川口町で最大震度7を震度計で観測しました。また，同日18時11分頃にM6.0，18時34分頃にはM6.5の余震が発生し，川口町で最大加速度2515ガルを観測しました。新潟県中越地震の本震・余震は深さ5km～20kmの浅い地層がずれて発生したため，中越地域で非常に多くの土砂災害が発生しました。このため，新潟県中越大震災災害対策本部のまとめでは，2005年9月16日現在，死者49名，重傷634人，軽傷4160人，全壊3185棟，大規模半壊2157棟，半壊1万1546棟，一部損壊10万3503棟の大きな被害となりました。

　本書では，新潟県中越地震の被災地域の1/2.5万「小平尾（おびろう）」図幅を用いて読図（作図）作業の仕方を説明します。この図幅の中央を流れる芋川流域については，北の「半蔵金」図幅を含めて，河床縦断面図・水系図・接峰面図などの作成方法を説明します。

　第0章は導入で，地形図のどこに注目するかを説明しました。第1章は作図・読図の基本問題を出しましたので，問題用の平面図で作業をするか，または，1/2.5万「小平尾」を購入して，地形図に直接作業してください。

　第2章は読図・作図手法の解説です。土地勘のある地形図を購入して，解説に沿って作業をしてください。第3章はいろいろな機関が作成した主題図から地形情報を読み取る方法を説明しました。第4章は上記の読図，作図作業から読み取った中越地方の地形・地質特性の解説です。

　なお，国土地理院は，中越地震後1/2.5万「小平尾」，「半蔵金」などを2005年に改測し，2006年1月1日に発行しました。この地形図は，経緯度の基準を世界測地系で表示しており，土砂移動や天然ダムによる最大の湛水域が表現されています。裏表紙はこの地形図をもとに，国土地理院が2004年11月1日に作成した「新潟県中越地震災害状況図（10月24，28日撮影写真）」の結果を追記したものです。また，2006年1月5日には，平成16年新潟県中越地震1/2.5万災害状況図「山古志」，「小千谷」，「十日町」図幅の（地形分類及び災害情報）と（カラー段彩陰影図及び災害情報）を発行しています。

　先に出版した『土砂災害の地形判読実例問題　中・上級編』では，筆者らが建設コンサルタントとして実際に調査した事例をもとに，地形図・航空写真や既存資料を提示して，地形図読図の演習問題を提示しました。1事例2～8ページを原則として，前ページに，災害前後の地形図や航空写真，災害状況を示した絵図や写真を示すとともに，次ページ以降に解答のヒントとなるような判読図や図表を示して，地形の特性を解説しました。本書で説明した読図（作図）の具体例を中・上級編に示してありますので，各項にその図番号を付記しました。

　系統的にじっくりと地形図読図を勉強したい場合には，推薦者の鈴木隆介著『建設技術者のための地形図読図入門』（第1～第4巻）に挑戦してください。

　　　2006年12月　　　　　　　井上公夫，向山　栄

目　次

推薦のことば　　　　　　　　　　　　　　中央大学　名誉教授　鈴木　隆介　　　3
はじめに　土砂災害防止のための地形図読図（作図）演習　　　　　　　　　　　4

0　地形図のどこに注目しますか　　　　　　　　　　　　　　　　　　　　　　6
　　0.1　まず，尾根と谷を分けてみる　8

1　最初の作図・読図問題と答え　　　　　　　　　　　　　　　　　　　　　　10
　　問1　断面図の作成　　　答えと解説　17
　　問2　谷線と尾根線の識別　　　答えと解説　17
　　問3　河床縦断面図の作成　　　答えと解説　18
　　問4　天然ダムの湛水面積と湛水量　　　答えと解説　18
　　問5　芋川流域の接峰面図　　　答えと解説　19
　　問6　地すべり地形の抽出　　　答えと解説　20
　　問7　魚野川の河成段丘の分類　　　答えと解説　20
　　問8　広神ダムの湛水面積と湛水量　　　答えと解説　23

2　地形図の作図・読図演習（新潟県中越地区を例として）　　　　　　　　　　24
　　2.1　住み慣れた場所の1/2.5万地形図，旧版地形図，航空写真，地質図・土壌図等の購入　24
　　2.2　地形図や航空写真の入手方法　26
　　2.3　地形図は「地形情報」図　29
　　2.4　立体を理解する方法　31
　　2.5　地形断面図（最高点・最低点を結んだ線）の作成　34
　　2.6　水系図（次数別）、流域界図（次数別）の作成（尾根線と谷線の識別）　35
　　2.7　河床縦断面図の作成　37
　　2.8　地形図を縦横10等分（約1kmメッシュ）して最高点と最低点の一覧表の作成　38
　　コラム　10等分メッシュの手法　39
　　2.9　起伏量図（約1kmメッシュの比高）の作成　40
　　2.10　谷密度図（約1kmメッシュ内の谷数）の作成　41
　　2.11　接峰面図（約1kmメッシュ法）の作成　42
　　2.12　接峰面図（1km谷埋め法）の作成　43
　　2.13　新潟県中越地震による土砂移動の判読事例（大八木，2005による）　46

3　主題図から地形情報を読み取る　　　　　　　　　　　　　　　　　　　　　56
　　3.1　中越地震前の地すべり地形分布図　56
　　3.2　中越地震後の崩壊地・地すべり分布図　57
　　3.3　中越地震による土砂移動面積率　58
　　3.4　河成段丘の判読・分布図の作成　60
　　3.5　変動地形（活断層，活褶曲）分布図の作成　61
　　3.6　地形分類図（土地条件図）の作成　62
　　3.7　砂防関係の微地形分類図の作成　63
　　3.8　侵食速度（面積－高度比曲線）の推定　65
　　3.9　中越地震前の地すべり地形面積率と地震後の土砂移動面積率の関係　66

4　読図から読み取る新潟県中越地方の地形・地質特性　　　　　　　　　　　　67
　　4.1　中越地方の地形・地質特性　67
　　4.2　中越地域に起因する斜面崩壊の発生場　71
　　コラム　掘るまいか　手掘り中山隧道の記録　72
　　4.3　芋川に形成された河道閉塞（天然ダム）　73
　　4.4　中越地域の被害地震と土砂災害　74

5　地形判読のための推薦図書／参考文献一覧　　　　　　　　　　　　　　　　76

あとがき　　　　　　　　　　　　　　　　　　　　　　　　　　　　　　　　82

0 地形図のどこに注目しますか?

　本書では，建設技術者として必要な地形情報の理解のために，起伏に富む傾斜地に地形図の上で分け入り，斜面や河川の地形の特徴をつかむという練習をします。図上のフィールドは，2004年新潟県中越地震で大きな被害を受けた丘陵地帯です。まず，地形図を眺めてみてどんなところに注目するか，魚野川支流の芋川流域をたどりながら，考えてみましょう。

　地図が好きという人はたくさんいますが，地形に興味を持って地図を眺めるという人は，あまり多くないようです。地図の上の人気者と言えば，まず地図記号，そして次に地名でしょう。国土基本図として広く使われている国土地理院の2万5千分の1地形図には，町や道路や鉄道，山や川の位置，地名だけでなく，地表面の起伏の情報が盛り込まれています。しかし一般には，地形そのものに興味が持たれることは少なく，地図力検定試験（日本地図センター主催，2004年～）の出題でも，地図から地形そのものを読

図0.1　芋川流域の地形図　1/2.5万「小平尾」（2006年更新・発行）の西部

み取るような問題の割り当ては，全体の約 10% 程度です。
　その背景には，平地に発展した都市に日常生活圏とその

情報が集中するようになり，土地の起伏の情報が大きな意味をもつような機会が，日常的には少ないことがあるかもしれません。山地内に出かけていく機会といえば，登山や渓流釣りなどがあります。そこでは，いろいろなガイドマップが使われています。しかし，マップの上で興味が集中するのは，コースタイムや経路の分岐とアップダウン，著名なポイント

① 道路や鉄道の通っている魚野川沿いの平地。
② 魚野川沿いではなく芋川沿いにある竜光の集落。
③ 竜光（りゅうこう）集落から大芋川集落まで自動車で行く経路。
④ ×印の付けられた道路の分布。
⑤ 大芋川集落からの眺め。
⑥ 根小屋放牧場から南を眺望した風景。
⑦ 越後ゴルフクラブや上原高原の風景。
⑧ 東竹沢付近の水域，両岸にある途切れた道路。
⑨ 塩谷川の谷底。細長い水域。
⑩ 大日山，焼山からの眺め。西側に見下ろせる溜池の群れ。
⑪ 小松倉集落にある平地。
⑫ 木籠（こごも）付近の崖。

道路をたどってみる
川を上流にさかのぼってみる
高いところを探す
まわりの風景を想像する
集落にたたずんでみる

図 0.2　芋川流域の地形図　1/2.5 万「小平尾」（2006 年更新・発行）の東部。図 0.1 の東側。

などで，まわりの山々の斜面の形や細かい谷筋の様子までは注意がまわらない，ということが多いのではないでしょうか。

しかし，地形はその場所の自然条件の変化や人工改変の過程を知るための重要な情報です。地形を知ることで，土地利用の適性や都市計画，構造物の設計，環境保全や災害防止手段を考察するための基礎的な情報が得られます。一般にはあまり興味を持たれない地形の知識を身につけるだけで，他では得られないような技術者としての基礎力が大幅にアップするはずです。

0.1 まず，尾根と谷を分けてみる
(1) 立体等高線図で尾根・谷を見る

地形読図の第一歩では，最も基本的な地形の特徴を抽出します。それは，尾根と谷を分けるということです。しかし一般の地形図で使われている等高線の表現から尾根・谷を識別するのは，なかなか難しいようです。まず，等高線図上で谷線（水系線）を引く練習をしてみましょう。

図0.3は，小平尾図幅の中の一部を立体視できるようにしたものです。青色で表された中央の谷と等高線の形との関係を見てください。上流に向かって食い込むように曲がっています。水系の色は途中でなくなりますが，同じような等高線の曲がりのパターンは山の上の方まで続いていきます。これが谷線です。尾根線は谷線と谷線の間になるので等高線の曲がりのパターンは逆になります。

(2) なぜ尾根・谷をみるか

地球の表層において地形を見るということは，基本的には，重力や流水・雪氷・風などの作用によって，地表面と浅い水域の物質が移動した痕跡を観察する，ということになります。もちろん，この他に日本では，火山の溶岩地形に見られるような，地下から物質がもたらされ地表に付加してできた地形があります。また，サンゴ殻のような生物起源の物質が付加した地形や，物質の化学反応によって除去あるいは付加された地形（鍾乳洞など）もあります。さらに，これらのような形成過程が当てはまらない「異常」地形があれば，何らかの地殻変動や地盤変動が原因として考えられます。たとえば活断層地形などがそれにあたります。

地形種の違いは，物質がどのように移動したかを反映した結果なので，地形観察の着目点として重要なのは，まず斜面の傾斜，水系の形状になります。本書の最初の演習として，地形断面図の作成と，谷・尾根の識別を行うのはそのためです。

(3) 平面図から尾根・谷を見分ける

視覚的な立体情報のない1枚の地形図の場合でも，高さの情報があり，水系線があればそれを追跡して，似たパターンを探し，谷線を描いていくことができます（図0.4）。1本の水系線が描けたら，その隣にある同じパターンへと，描画の範囲を拡げていきます。このとき，ある程度パターンをつかんだら，上流側から下流に向けて谷線を引いていくのが細かい谷線を見落とさないコツです。

ところが，どちらが斜面の上方か，谷の上流か，という情報がわかりにくい場合，また水系の色の表示もない場合には，等高線の曲がりのパターンだけでは，尾根・谷の識別は困難です（図0.5.a）。こんな時は，高さの情報が得られる地点まで観察の範囲を少し広げてみます（図0.5.b）。

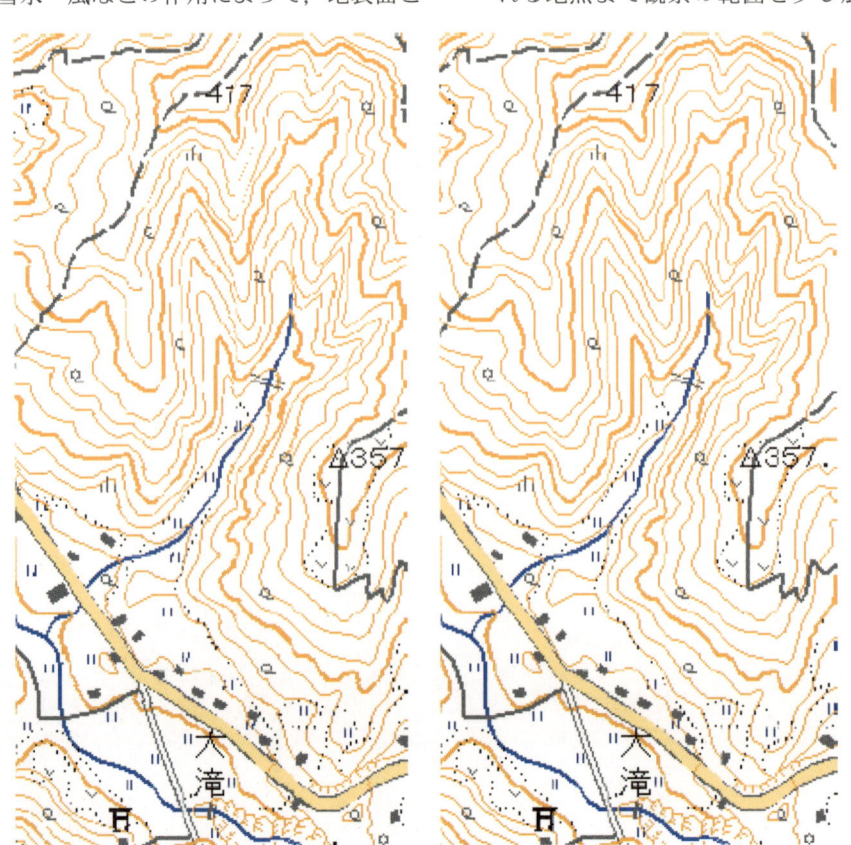

図0.3 谷地形と等高線の形の関係を地形図立体視で見る
（1/2.5万「小平尾」の一部　国土地理院の立体視地図画像を表示するメニュー　http://watchizu.gsi.go.jp）

そうすると，全体の傾斜の傾向がわかり，それに対する等高線の曲がりのパターンがわかります。

それでもわかりにくい場合はもう少し観察範囲を広げていくと，周囲にある河川の情報が得られて，そこから谷線を追跡していくこともできます（図 0.5.c）。

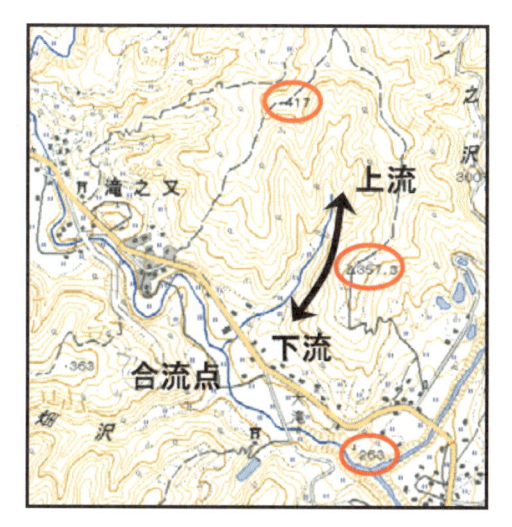

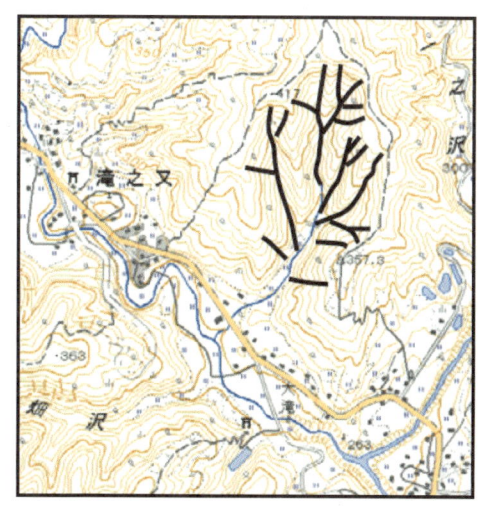

図 0.4　既に描かれた水系を延長して水系図を描ける場所の例。赤丸で囲った標高の表示にも注目する。

a. 狭い範囲を見ただけでは尾根・谷の区別が付かない。

b. 観察範囲を拡げると，たとえば標高の情報が加わる。

c. さらに範囲を拡げると，土地利用，地名，大きな水系などの情報が加わる。このような作業を数回繰り返せば，全体の起伏がイメージできるようになる。

図 0.5　観察範囲を拡大すると必要な地形情報が得られやすくなる場所の例（ 1/2.5 万「小平尾」（2006 年更新・発行）の一部）
狭い範囲の情報ではわかりにくい場合には，観察範囲を拡げると全体の状況が理解できることが多い。

1 最初の作図・読図問題

　問題の地形図－1～4（3，4は旧版図）は，新潟県中越地震の激震地域であった1/2.5万「小平尾」図幅の一部（長岡市旧山古志村）を示しています。本書では地形図を白黒で一部しか示していません。ぜひ「小平尾」図幅等を購入して，以下の問いに答えてください。「小平尾」図幅は，新潟県中越地震（2004年10月23日）の後，2005年末に改測作業が行われ，2006年1月1日に改訂版が販売されています（以前の地形図は旧版地形図として購入可能です）。この地形図には地震から1年後の道路の状況や土地利用状況が示されています。また，地震によって大きく変動した地区や，河道閉塞され天然ダムが形成された状況が示されています。じっくりと地形図を観察してください。地形図には×印で道路が破損した場所や1年経っても通行できない道路が破線で示されています。まず，×印や通行不能区間をピンク色で印を付けてください。

　作図・読図問題は地形図に直接書き込むか，A4版のグラフ用紙（トレース紙の方が良い）に書き込んでください。

　4枚の地形図をじっくりと判読して，以下の問いに答えてください。

問1　問題の地形図－1に記されたＡＢ間の断面図（縦軸を横軸の2.5倍とする）を描け。

問2　芋川流域右岸側のA地域（問題の地形図－2）で，谷と尾根を識別し，谷を実線で，尾根（流域界）を点線で描け。谷は10m間隔の等高線で奥行きが幅よりも長くなる地点から描き始めよ。

問3　芋川本川とその支流（小芋川，塩谷川，芋川沢，神沢川，前沢川）について，問題の地形図－2，3を使って河床縦断面図（縦軸を横軸の10倍とする）を描け。

問4　芋川中流の東竹沢には，テレビや新聞で有名となった天然ダムがあり，河道閉塞地点より上流では湛水が示されている。この天然ダムが最高水位（160m）となった時の湛水線をトレースせよ。この時の概略の湛水面積と湛水量を求めよ。

問5　芋川流域の接峰面を1kmの谷埋め法で描け。等高線の間隔は50m（太い等高線・計曲線）ピッチとする。

問6　航空写真－1の範囲を立体視して，問題の地形図－1でその位置を探せ。地形図と航空写真を比較判読して，航空写真で読み取れる地すべり地形の範囲を地形図に記入せよ。

問7　魚野川の南側の地区のＡＢ間の断面図を描け。航空写真－2と地形図を比較しながら，魚野川の河成段丘を分類し，段丘面の新旧を考察せよ。この段丘面の自然災害に対する安全度を考察せよ。

問8　問題の地形図－2には，魚野川の右支破間川の右支和田川に広神ダムが建設工事中である（ダム建設中と記されている）。このダムの湛水面積（計画設計水位240m）と計画貯水量を求めよ。

ヒント1　A4判のグラフ用紙の下端横軸に4cmピッチで，0，1.0，2.0，3.0，4.0（km）の印をつけてください。縦軸は縦・横縮尺比が1：2.5（縦軸は1cmが100m，4cmが1km）として，断面線を書いてください。

ヒント2　谷は雨水が表流水となって集まり，水が流下する場所で等高線が凹型の場所です。谷の水は高いところから低いところに流れていきますので，そのまま下方に伸ばしてください。尾根は谷と谷を分ける分水峰（流域界）で，等高線が凸型の場所です。

ヒント3　A4判のグラフ用紙の下端横軸に4cmピッチで0，1.0，2.0，3.0，4.0（km）の印をつけてください。
　縦軸は縦・横縮尺比が1：10（縦軸は4cmが100m）として，河床縦断面線を書いてください。）

ヒント4　標高160mの等高線を青ペンでなぞって，湛水範囲を決めてください。このような入り組んだ範囲の面積を求めるにはグラフ用紙で4mm方眼の点を数えたり，プラニメーターで計測します。湛水量は，三角錐の体積の求め方に準じて，面積×深さ×1/3で求まります。

ヒント5　2.11～2.12項で説明する接峰面の意味が分らないと難しいですが，1km（幅4cm）以下の谷地形の等高線をないものとして，等高線を引き直してください。標高の一番高い尾根から順に計曲線（50m）ごとに引いてください。必要に応じて，25mピッチの間曲線も入れてください。

ヒント6　地形図－1左下の規模の大きな地すべり地形を探し出し，頭部滑落崖と移動土塊の範囲を示してください。地形図をよくみると，崩壊地形や地すべりの滑落崖の記号が多く認められます。それらを，赤ペンでなぞってください。以前の地形図や航空写真と比較すると，それらの多くが2004年新潟県中越地震で発生したことがわかります。

ヒント7　魚野川と信濃川の合流地点には河成段丘が何段も発達しています。河成段丘面には，川が上流から運んできた砂礫層が厚く堆積している堆積段丘と，侵食によって基盤岩が露出している侵食段丘があります。航空写真と地形図をもとに地形分類しながら，段丘面の発達史と自然災害に対する安全性を考えてください。

ヒント8　工事中の広神ダムの堤体が点線で示されています。地形図から最高水位が240m前後と読み取れます。堤体から標高240mの等高線を青ペンでなぞってください。

　問4と同様，入り組んだ等高線で囲まれた範囲の面積と貯水量を求めてください。

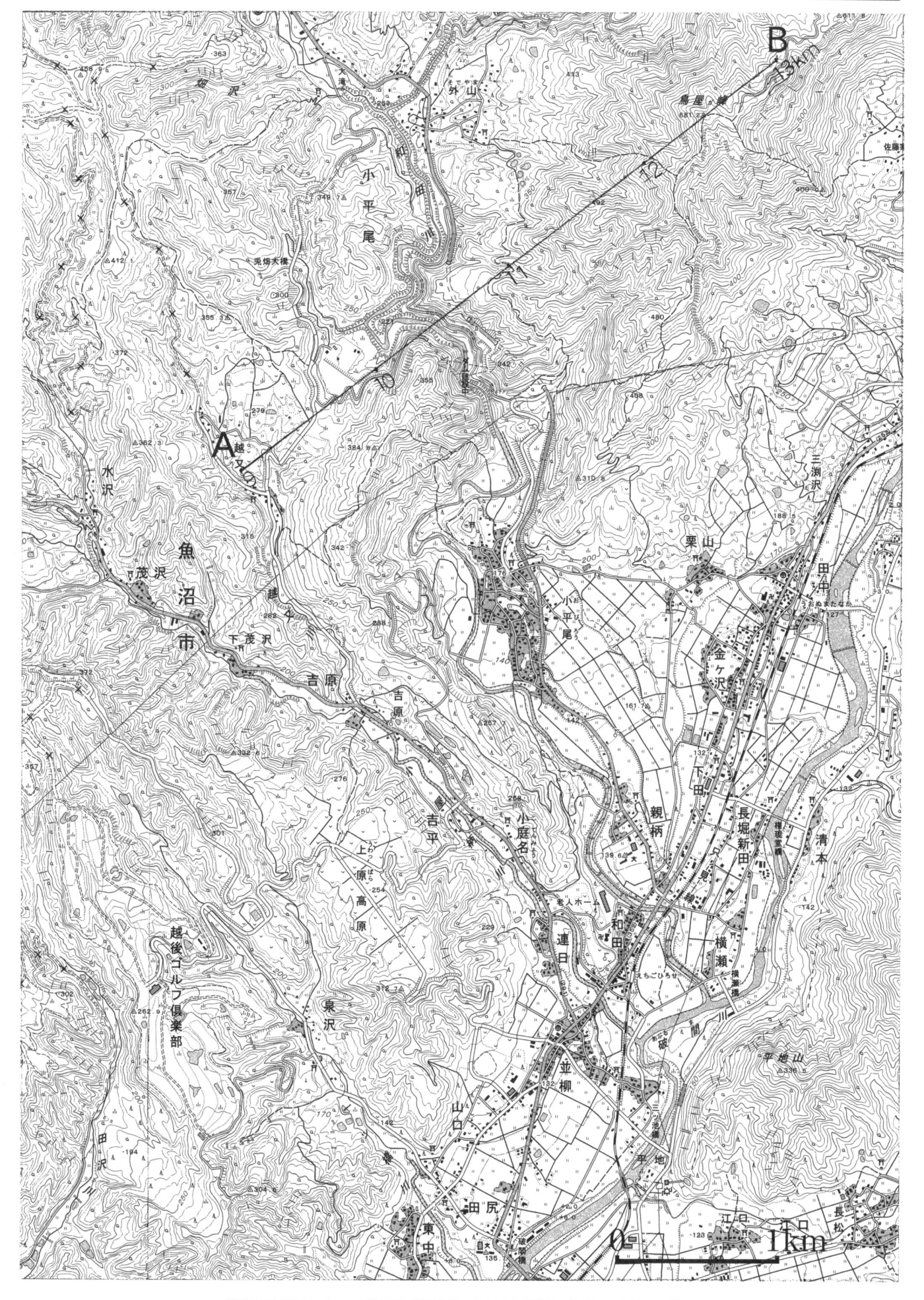

問題の地形図−1　1/2.5万「小平尾」(2006年更新・発行) の右側の一部

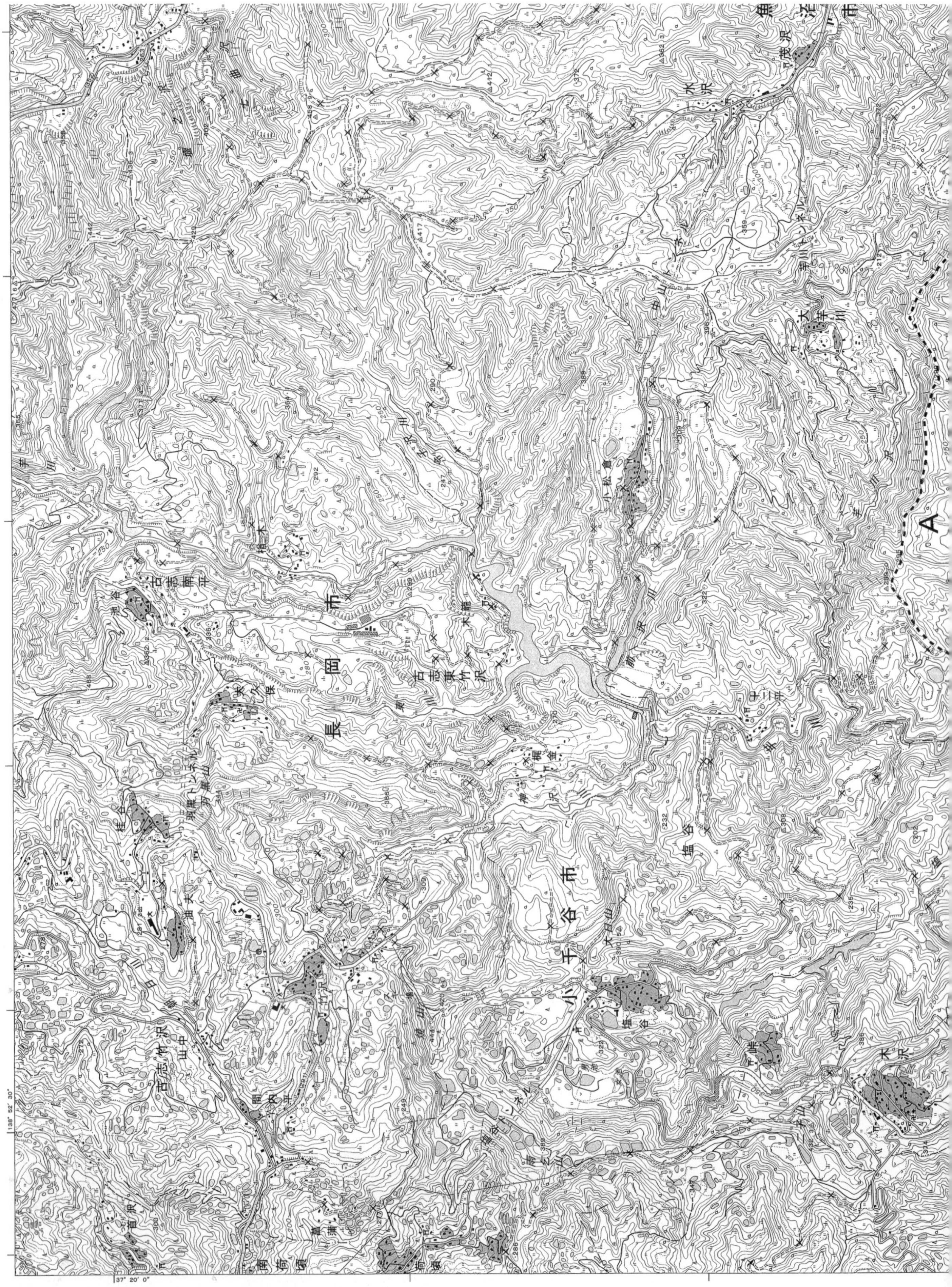

長岡市
小千谷市
138° 52' 30"
37° 20' 0"

問題の地形図−2　1/2.5万「小平尾」(2006年更新・発行) の左側の一部

問題の地形図-3　1/2.5万「小平尾」（地震前，1991年修正測図）

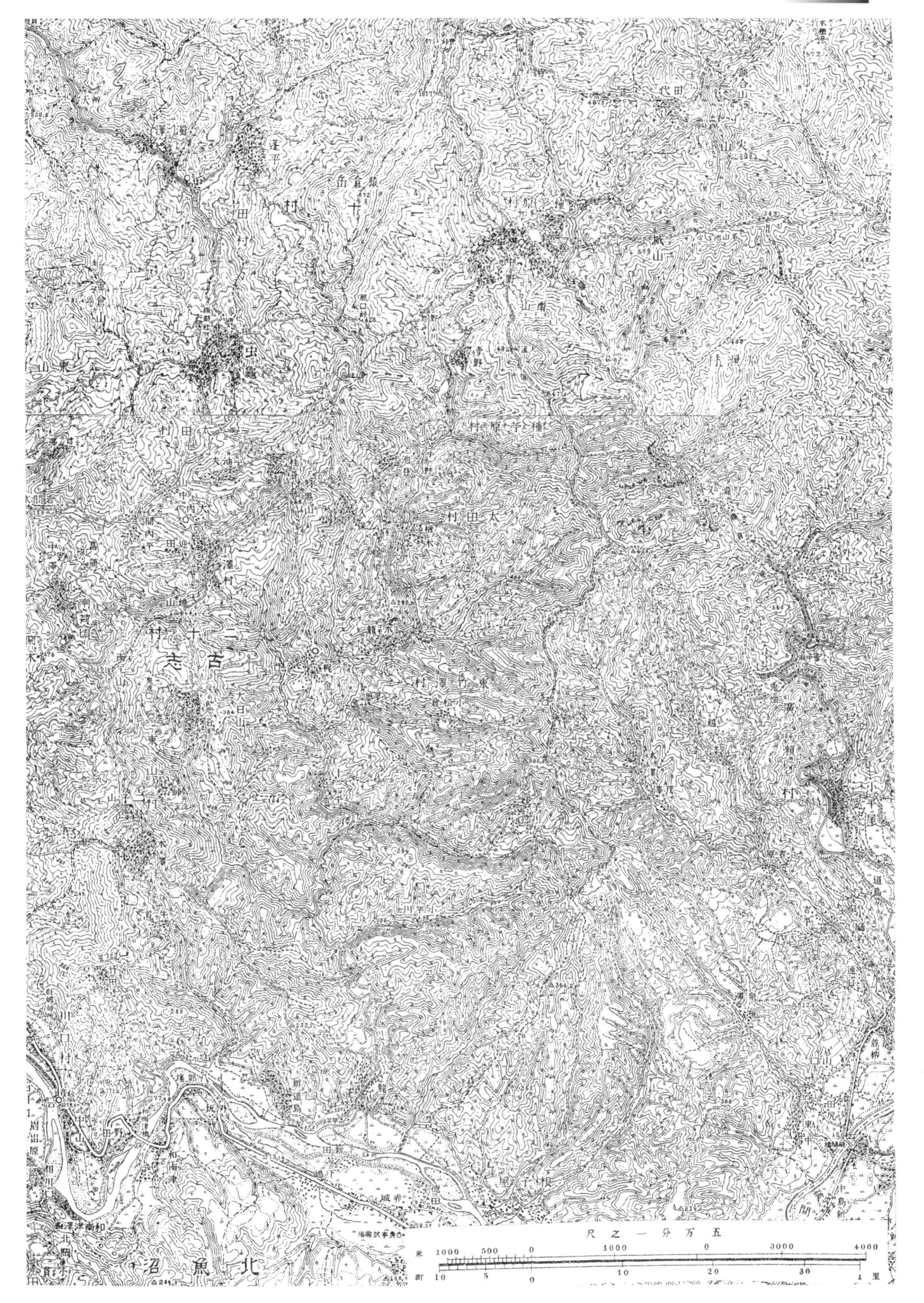

問題の地形図-4　　1/5万「長岡」,「小千谷」の旧版地形図（1911年測図, 1914年発行）90％縮小

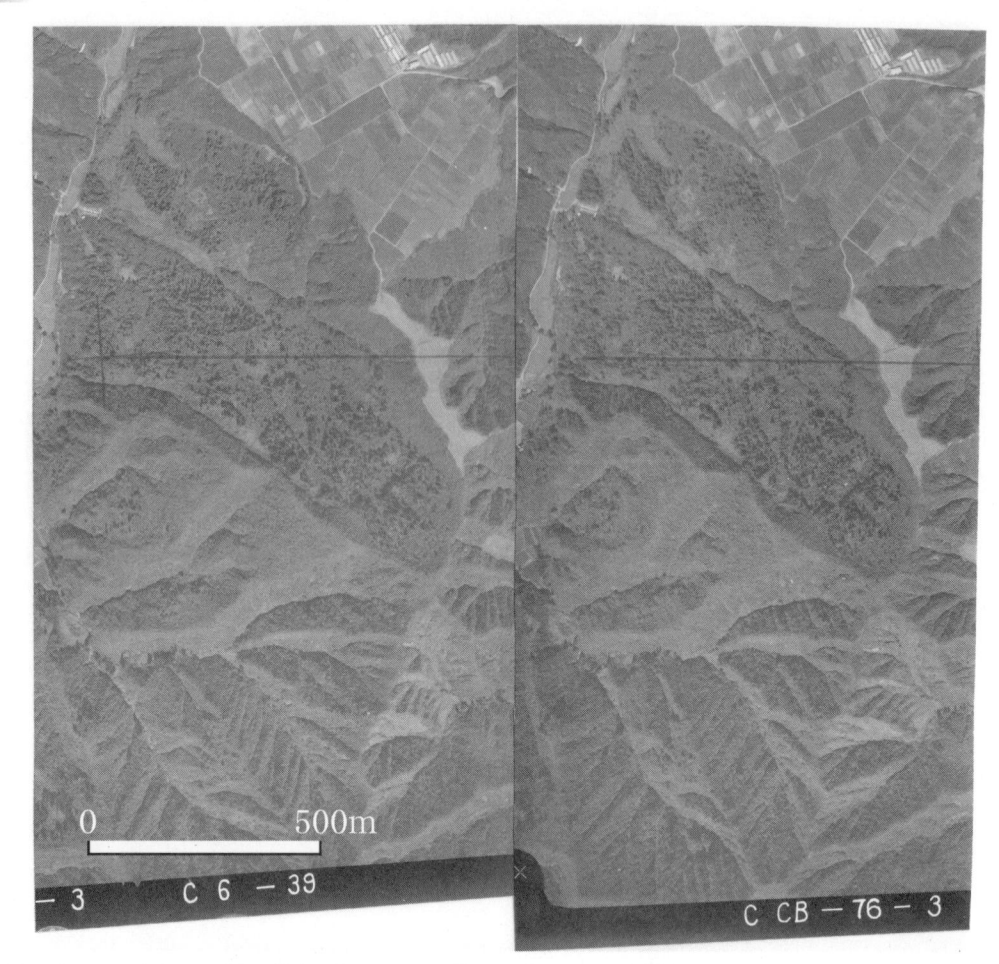

航空写真-1 地すべり地形の航空写真（国土地理院 1976年9月19日撮影），1/1万の61％縮小，CCB-76-03，C6-39,40

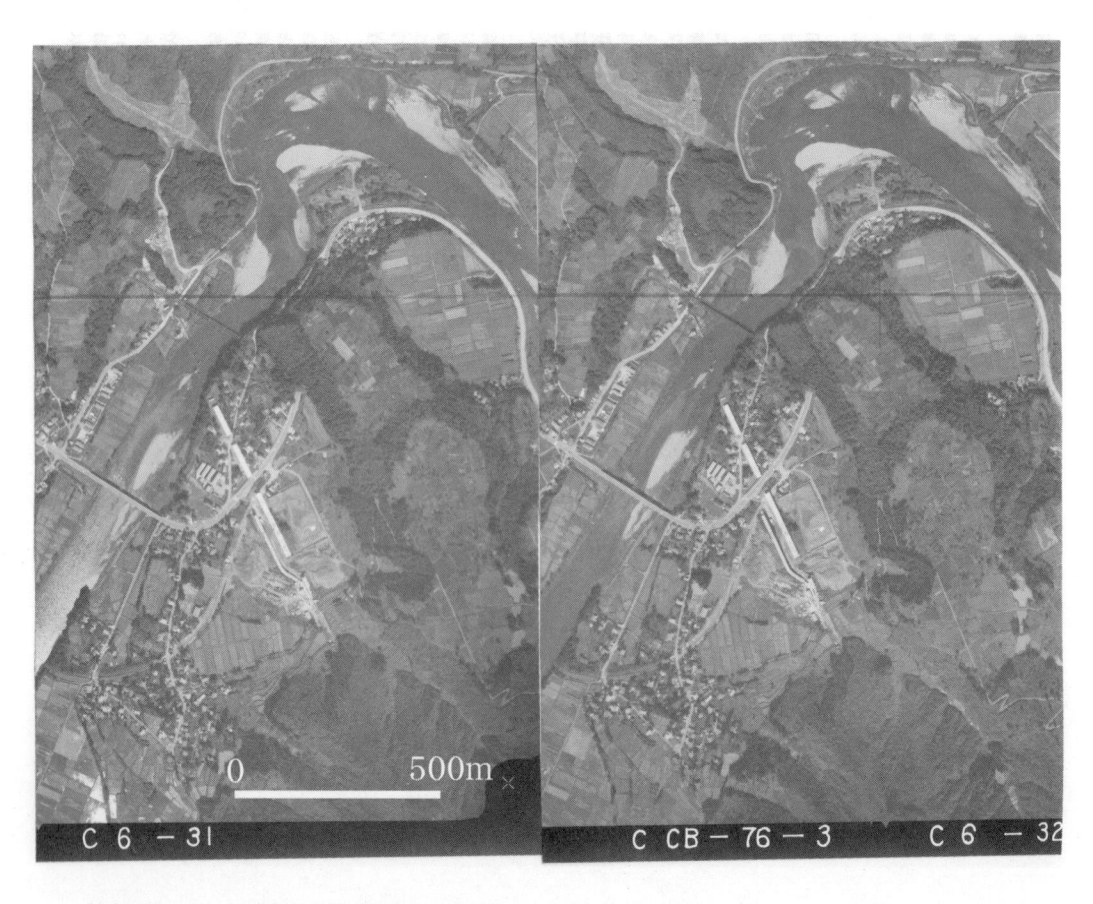

航空写真-2 河成段丘の航空写真国土地理院 1976年9月19日撮影），1/1万の61％縮小，CCB-76-03，C6-31,32

問1の答えと解説　断面図の作成

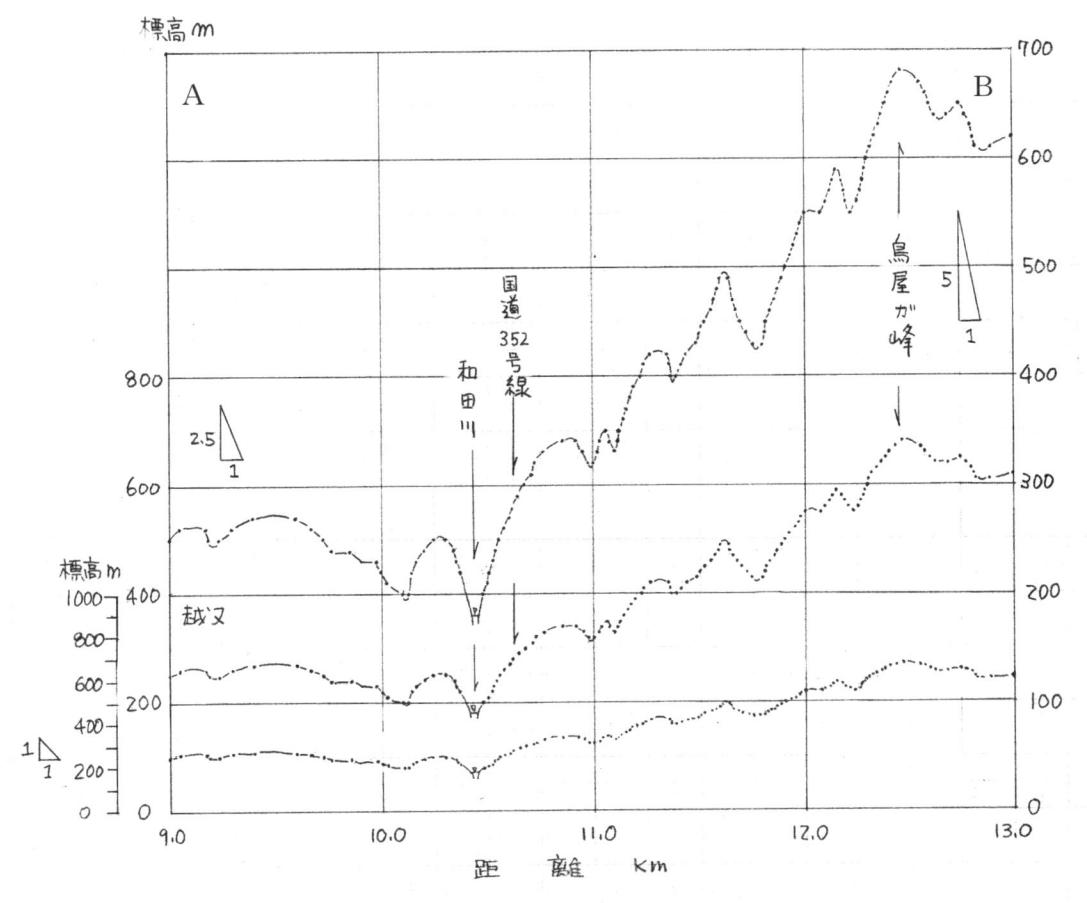

答図1.1　高さ方向1倍，2.5倍，5倍の断面図

答図1.1では，縦横比が2.5倍だけでなく，1倍と5倍となる断面線を書きました。小平尾図幅では最高点は鳥屋ガ峰で，681.2 mとあまり高くないので，縦横比1倍で描くと，のっぺりとした感じの断面となります。2.5倍で描くと高さ方向が強調され，見やすくなります。5倍で描くと，強調され過ぎているように感じられます。色々な縦横比の断面を描いてみて，断面線の形態を比べてください。標高3000 mを越える北アルプスのような地区では1倍のほうがよいでしょう。地すべりなどで安定計算を行う場合や構造物を設計する場合には，1倍（縦横同じ比率）で断面図を描く必要があります。河成段丘や更新世台地の断面図では，縦横比1/5や1/10で描いたほうがよいでしょう。

問2の答えと解説　谷線と尾根線の識別

答図1.2では，2.6項で詳述しますが，1次河川以上の谷線（10 mの等高線の奥行きが谷幅より長くなる）を実線で，尾根線を点線で示しました。鈴木（1997）の『建設技術者のための地形図読図入門』第1巻の図3.1.2では，谷型地形（等高線が凹んでいる部分をすべて抽出）を実線で，尾根型地形を破線で示しています。

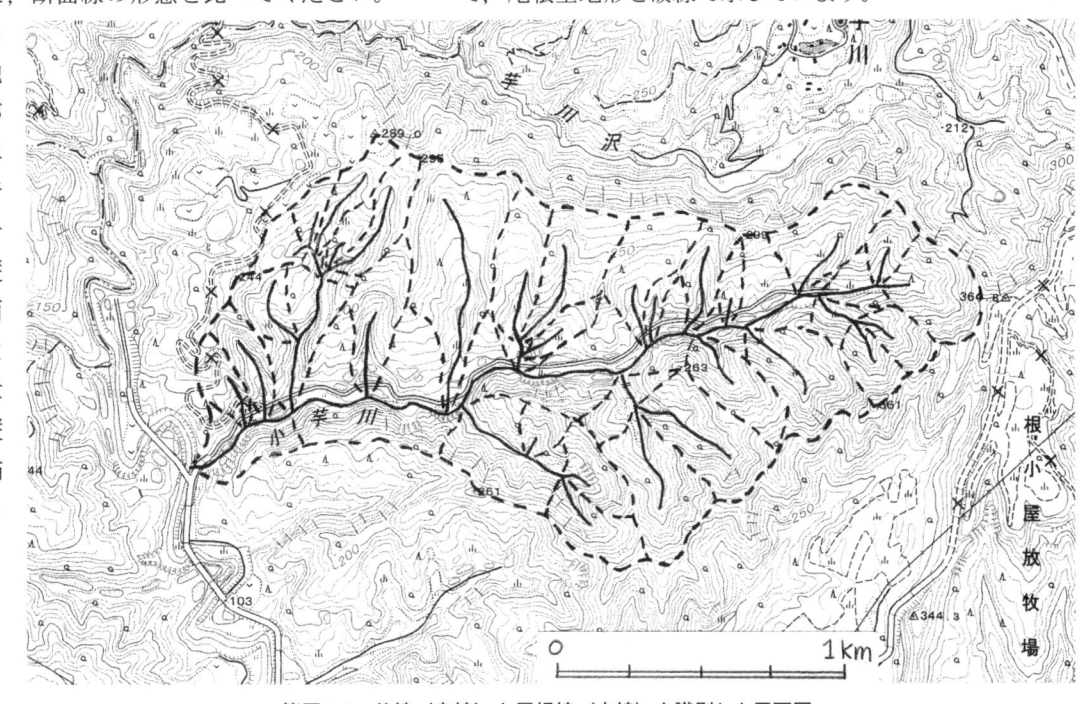

答図1.2　谷線（実線）と尾根線（点線）を識別した平面図

問3の答えと解説　河床縦断面図の作成

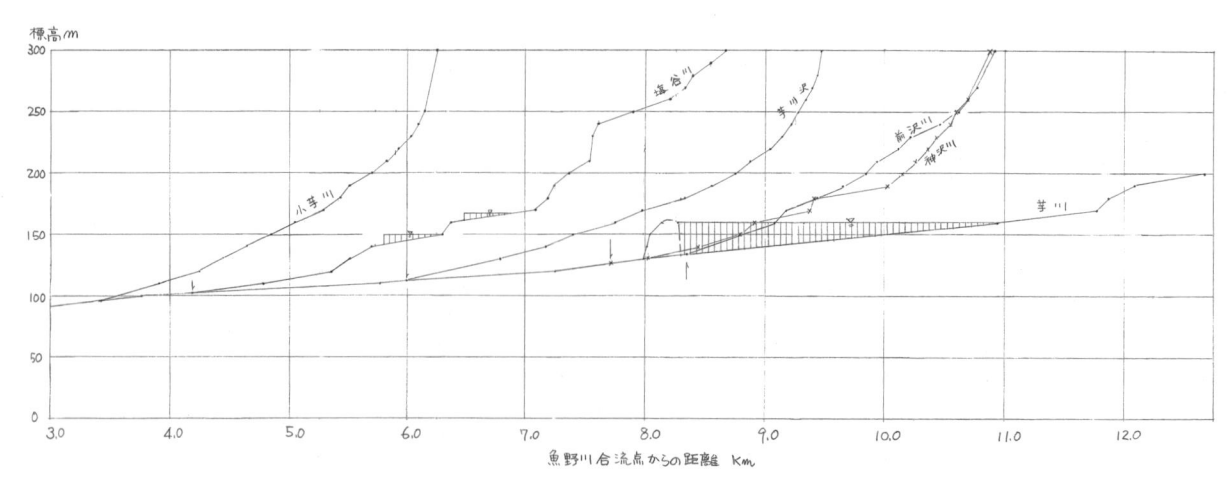

答図 1.3　芋川の河床縦断面図（高さ方向 10 倍）

　河床縦断面図は，川は蛇行しながら緩い勾配で流れることが多いため，縦横比は大きくしないと河床縦断面の変化が分かりにくくなります。芋川の場合は縦横比を10倍にするように問題で指示しましたが，魚野川や信濃川などの大河川の河床縦断面を描く場合には，縦横比をもっと大きくする必要があります。勿論，河床勾配の急な支流を描く場合には，縦横比を小さくしたほうがよいでしょう。

問4の答えと解説　天然ダムの湛水面積と湛水量

　問題の地形図−2に示した「小平尾」図幅は，2005年末の東竹沢の湛水範囲が示されていますが，排水対策の水路が完成し，国道291号線の橋が見えているので，河道閉塞の最高標高よりかなり水位は下げられています。ここでは，最高水位を160mとして湛水面積と湛水量を求めて見ました。不規則な形の面積を求めるには，①一定の間隔のメッシュの交点を数える方法（日本森林技術協会では，点格子盤を販売しています），②一定間隔の線分の長さの総和を求め，線分の幅を掛ける方法，③必要箇所を切り抜いて重さを量る方法，④プラニメーターで計測する方法，などがあります。1/2.5万の地形図で計測するのですから，答図1.4に示したように，4mm（実距離で100m）間隔で計測すると，①では41個の交点がありますので，41×1万m^2（100m×100m）＝41万m^{2}となります。②では線分の総計は158.5mmで，実際の線分の長さは2.5万倍して3960mとなります。それに線分の幅100mを掛けて，39.6万m^{2}となります。③の方法は省略します。④のプラニメーターで計測すると40.3万m^{2}となりました。プラニメーターを使わない方法も覚えておくと役に立つ時があります。

　湛水量は，答図1.3から湛水高を30mと判断し，40.3×30×1/3＝403万m^{3}となります（表2.7.1参照）。

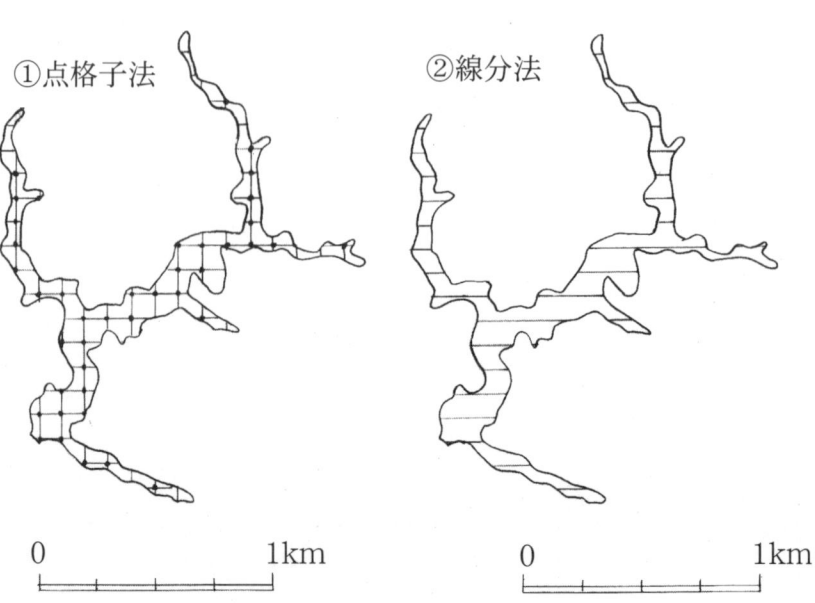

答図 1.4　東竹沢の天然ダムの湛水範囲と湛水面積の計測

問5の答えと解説　芋川流域の接峰面図

　接峰面の描き方は，2.11～2.12項で詳しく説明しますが，4cm（実距離1km）以下の谷を無視して，谷埋め法で等高線を引いています。1/2.5万の地形図では，ごちゃごちゃして非常に多くあった等高線がかなりすっきりしたと思います。答図1.5は，「半蔵金」と「小平尾」図幅の一部で作図してあります。等高線が少ないので，25m間隔の等高線も描いてあります。また，100m（4本）毎の等高線を太くしてあります（赤鉛筆でなぞってあります）。図2.11.1は「小平尾」図幅全体をメッシュ法で，図2.12.1は「小平尾」，「半蔵金」，「小千谷」，「片貝」の4図幅を用いて谷埋め法で描いてあります。

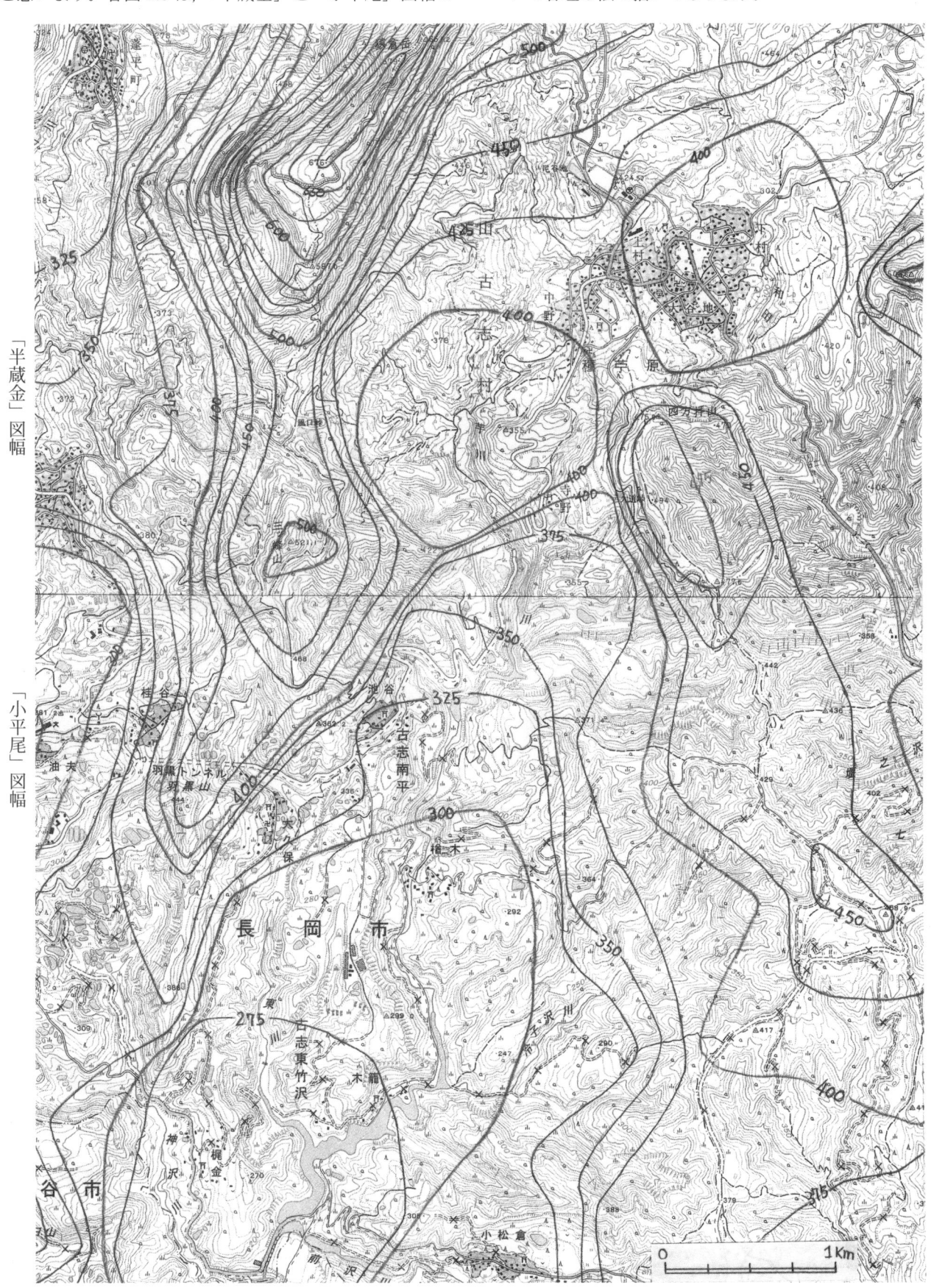

答図1.5　芋川流域の接峰面図（80％に縮小）

問 6 の答えと解説　地すべり地形の抽出

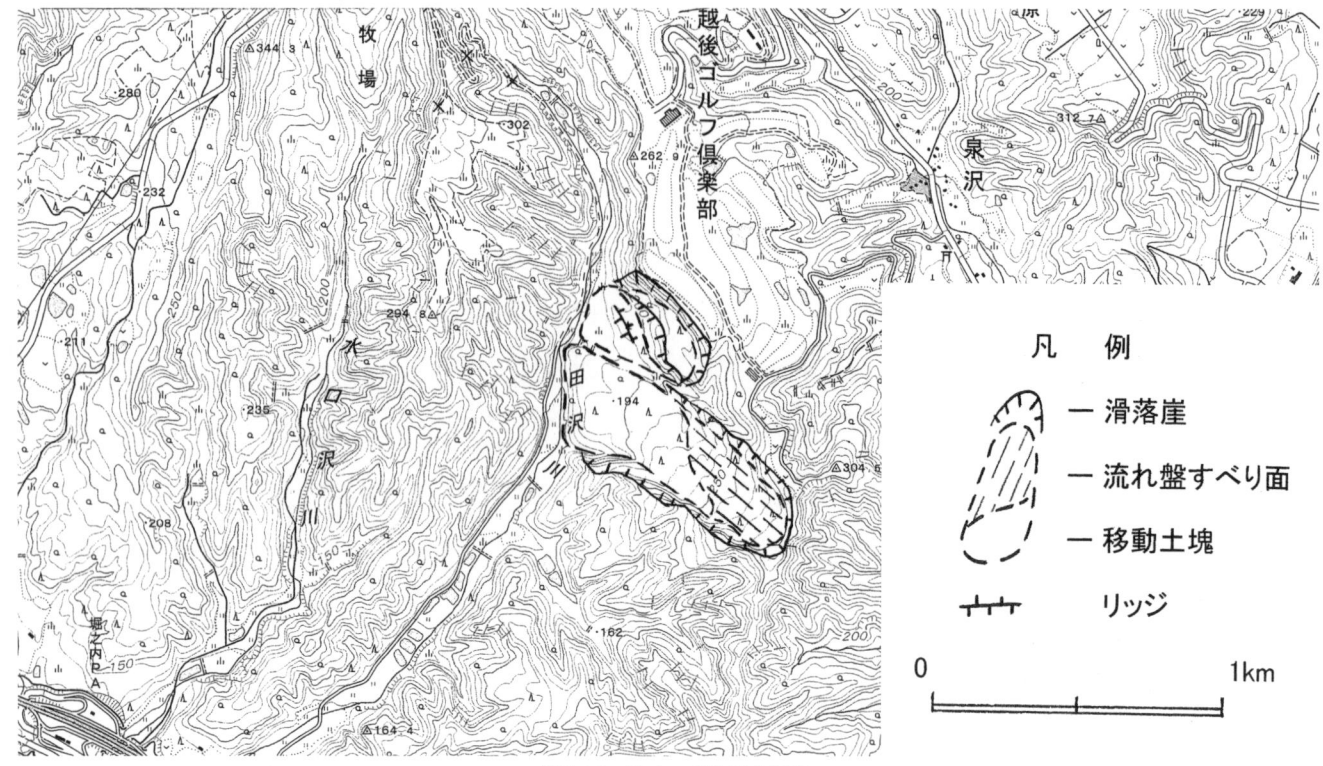

答図 1.6　地すべり地形分類図

航空写真－1 を立体視すると，答図 1.6 に示したように明瞭な地すべり地形が認められます。中越地震以前からこの地すべり地形は存在し，中越地震では動かなかったようです。東竹沢の地すべり地形と似ており，流れ盤の斜面が大きく変動し，田沢川を河道閉塞したようです。現在は樹木に覆われて下の地形はよくわかりませんが，30 年前（1976 年）の航空写真では大きく 2 つのブロックに分けられます。凡例に示したように，頭部の滑落崖，流れ盤のすべり面，斜面下部に堆積した移動土塊を読み取ることができます（第 2 章 p.31 参照）。等高線から標高 190 m（湛水高さ 20 m）まで天然ダムの水が溜まったようです。この地すべりは何時頃発生したのでしょうか。できれば，詳細な地質調査をしたい地すべり地です。

高さ方向の倍率を変更すると，見え方が変わることを実感してください。

答図 1.7.3 は地形図の上に段丘面の境を入れてあります。金（2004）の段丘区分をもとに，答図 1.7.4 は更新世段丘と完新世段丘，沖積扇状地の区分を追記しました。これらの地形分類をするためには，地形図判読や写真判読だけでなく，詳細な現地調査により，段丘面を構成する段丘礫層や表層を覆っているテフラ（降下火山灰）や腐植土の丹念な観察が必要です。段丘面の形成年代は，段丘面の上下関係，降下年代のわかっている示標テフラや ^{14}C 年代測定によって決定する必要があります。一般に，上位の段丘ほど形成年代が古いと言われています。

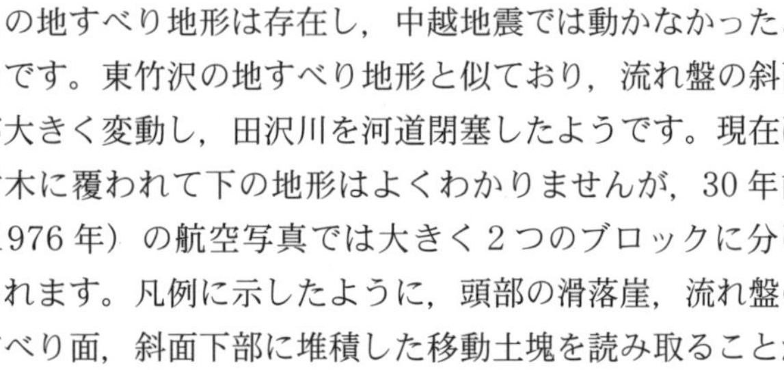

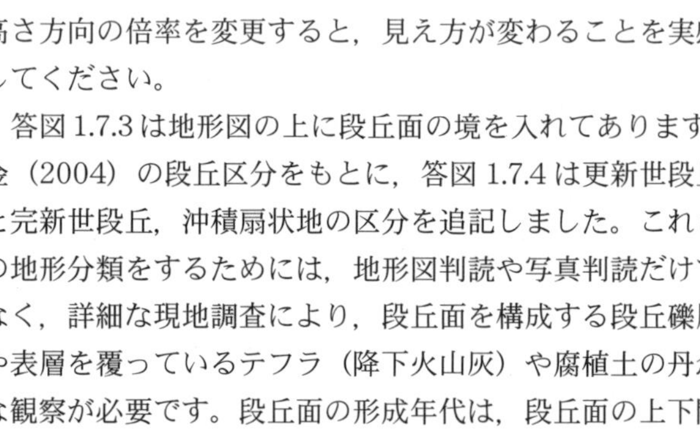

問 7 の答えと解説　魚野川の河成段丘の分類

問題地形図－2 だけではよくわかりませんが，航空写真－2 を立体視すると，魚野川の南側には高さの異なる多くの段丘面が存在します。答図 1.7.1　AB 間の断面図は高さ方向を 2.5 倍と 5 倍とした断面図を描いてあります。

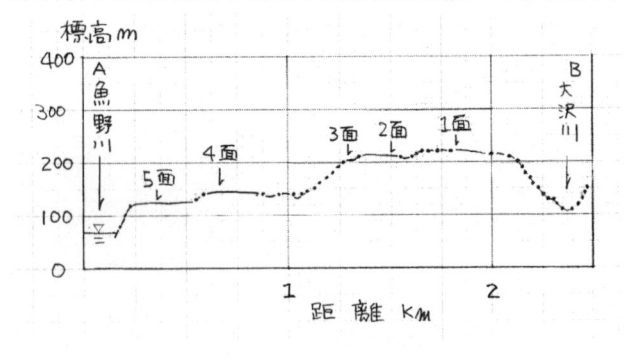

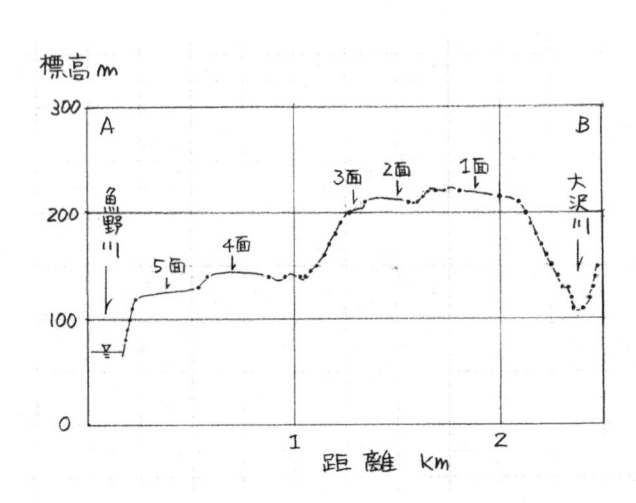

答図 1.7.1　AB 間の断面図（左図は高さ方向 2.5 倍，右図は高さ方向 5 倍）

答図 1.7.2 は，航空機レーザ測量による魚野川左岸側の地形図（1m 間隔の等高線のみ）です。問題の地形図－2と見比べて地形表現を比較してください。地形図－2は航空写真図化による 10m 間隔の等高線ですが，答図 1.7.2 は 1m 間隔の等高線となっています。河成段丘のように数 m 程度の比高差や段丘崖は 10m 間隔の等高線では読み取れませんが，1m 間隔のレーザ測量地形図でははっきりと読み取ることができます。航空写真－2や答図 1.7.3 の河成段丘区分図と比較しながら，段丘面の分布状況や斜面内の遷急線の発達状況，小河川の谷の出口に発達する小規模な扇状地（沖積扇状地）などを読み取って書き込んでください。

　今後，レーザ測量地形図が自由に入手できるようになれば，防災調査や活断層調査，地形分類・地形発達史調査などは非常にやりやすくなるでしょう。

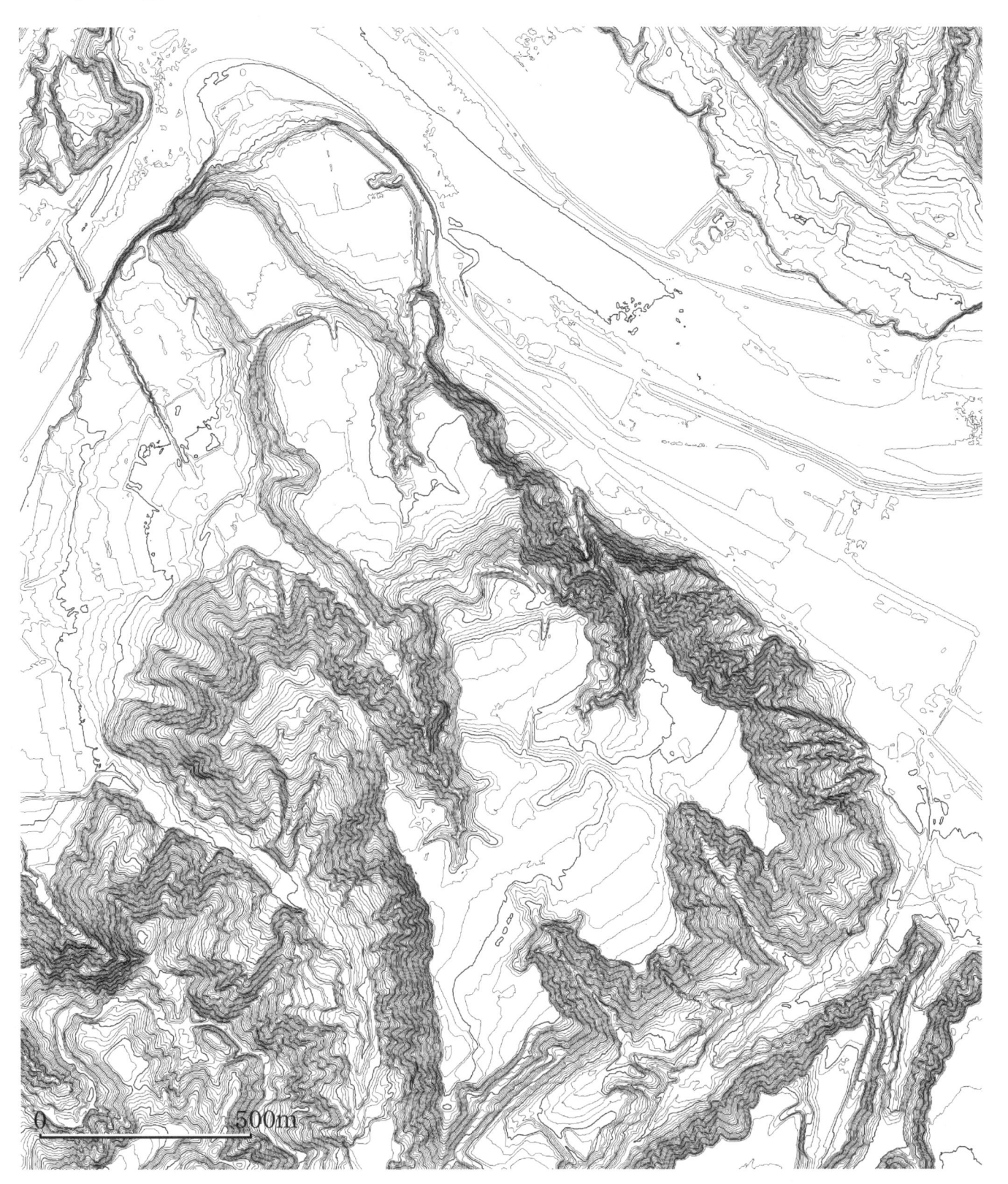

答図 1.7.2　航空レーザ測量による魚野川左岸側の 1m 間隔の等高線による地形図（日本応用地質学会, 2006）

新潟県川口市〜魚沼市堀之内付近。図上部に魚野川が右から左へ流れています。左岸の丘陵地にはコンター間隔が広がっている段丘面と密になっている斜面がはっきりとわかります。段丘面もいくつか見られ，斜面内には小さな谷が入り込んでいる状況が見て取れます。斜面内の道路の形状も実際の幅で認められることにも注目してください。

金(2004)は更新世段丘を堀之内段丘2 (13-15万年前)，同3 (9-12.5万年前)，同4 (4.8-6万年前)，同6 (2.7-3.5万年前) に分類しています。答図1.7.4では更新世段丘3を追加してあります（表1.1と3.4項参照）。一般に，現在の河床から高い段丘面は洪水氾濫から安全な地形と言えます。新幹線の堀之内トンネルや上越線の和南津トンネルは大きな変状はありませんでしたが，国道17号線の和南津トンネルは大きな変状が出て，修理に1月以上かかりました。

航空写真－2では，上越新幹線の工事が盛んに行われています。西側の完新世（沖積）段丘の上には，上位の段丘崖から土砂が押し出し，沖積扇状地を形成していることがわかります。沖積扇状地は今後とも土砂災害を受けやすい地形面です。

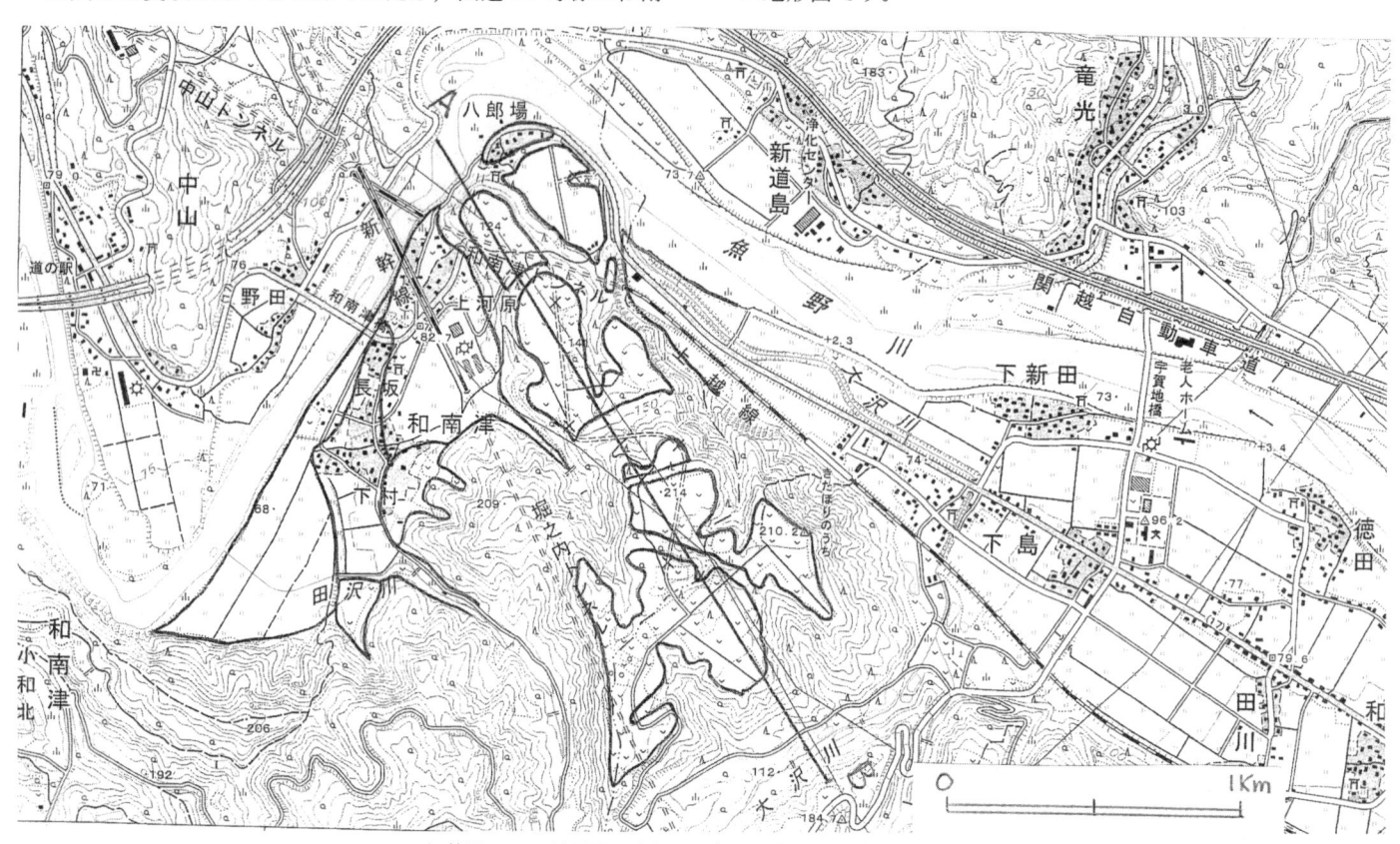

答図 1.7.3 地形図に追記した魚野川南側の河成段丘区分図

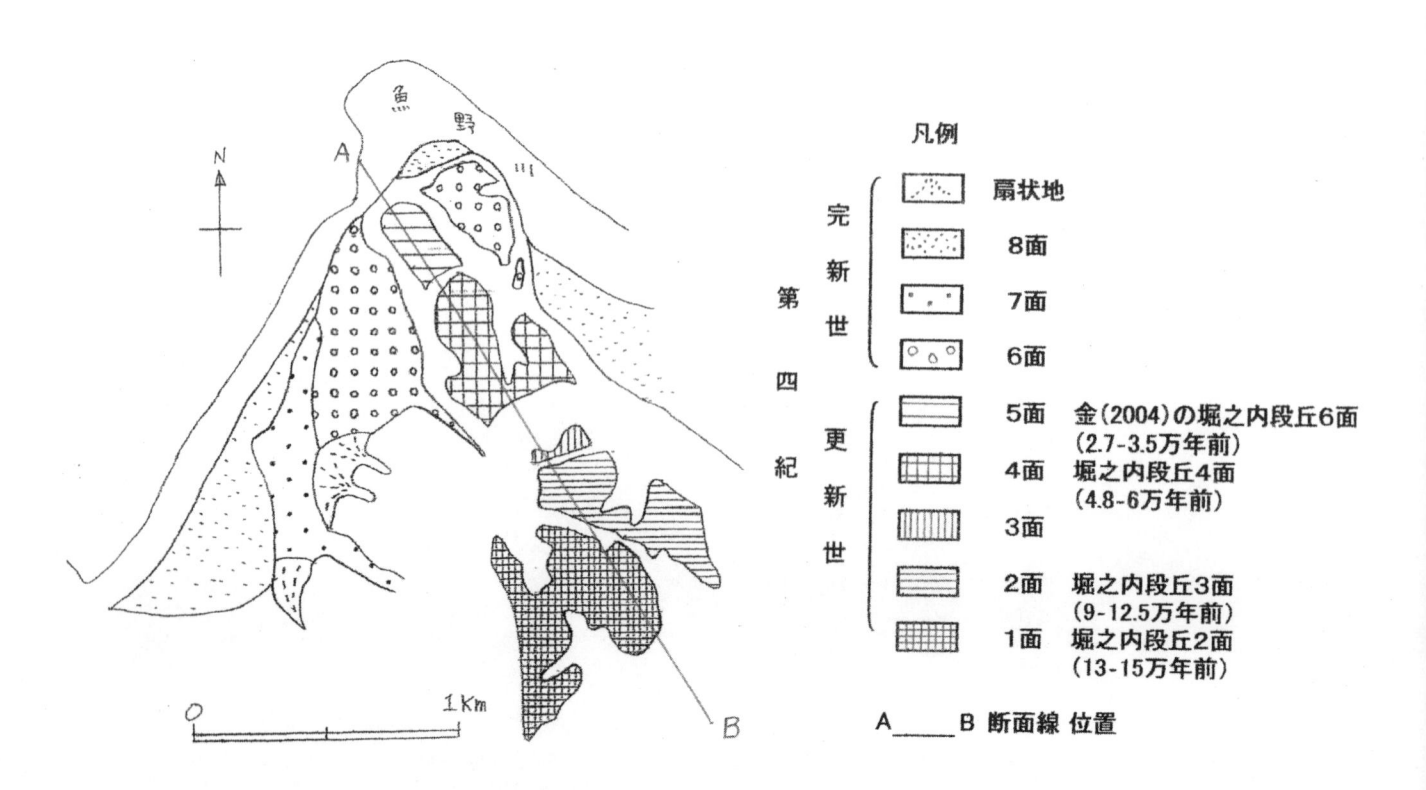

答図 1.7.4 魚野川南側の河成段丘分類図（金，2004をもとに作成）

表 1.1 魚野川の河成段丘の地形面分類の比較（田中（2000）金（2004）に加筆）

町田・池田(1969)	信濃川段丘研究グループ(1971)		早津・新井(1981)			田中(2000)		金(2004)				答図1.7
十日町盆地全域	津南地域	十日町地域	津南地域	示標テフラ層	段丘面形成年代	十日町盆地全域	示標テフラ層	魚沼丘陵(南部)	魚沼丘陵(北部、堀之内)	示標テフラ層	段丘面形成年代	堀之内(更新世段丘)
第9段丘面	大割野Ⅱ面	根深面	大割野Ⅱ面		完新世	大割野Ⅱ面		正面Ⅱ面	7面		1-2万年前	
第7・第8段丘面(大割野面)	大割野Ⅰ面	石名坂面	大割野Ⅰ面	AT	2.1-2.2万年前	大割野Ⅰ面	AT	正面Ⅰ面	6面	AT	2.7-3.5万年前	5面
第6段丘面 正面面	正面面	下原Ⅱ面 下原Ⅰ面	正面Ⅰ面	DKP	2.5万年前	正面Ⅰ面	DKP			DKP		
第5段丘面(貝坂面)	貝坂面	千手面	貝坂面		5万年前	貝坂面		貝坂面	5面		4.8万年前	
									4面		4.8-6万年前	4面
										K-Tz		3面
				HK			HK		3面	Iz-Kt/HK	9-12.5万年前	2面
第4段丘面(朴の木坂面)	朴の木坂面	栗山面 上之山面	朴の木坂面		10-30万年前	朴の木坂面		朴の木坂面	2面		13-15万年前	1面
第3段丘面	卯の木面	城山Ⅱ面	卯の木面	MG-b		卯の木Ⅱ面 卯の木Ⅰ面	MG-b			MG-b		
第2段丘面(米原面)	米原面	城山Ⅰ面	米原面	MH(APm)/TN		米原Ⅱ面 米原Ⅰ面	TN	米原面	1面	APm	20-30万年前	
第1段丘面(谷上面)	谷上面		谷上面		30万年前	谷上面		谷上面			30-35万年前	
								鷹羽面			35-45万年前	

問8の答えと解説　広神ダムの湛水面積と湛水量

広神ダムは，新潟県のホームページによれば，魚沼地域振興局地域整備部ダム建設課が和田川総合開発事業の一環として計画した多目的ダムで，洪水調節，流水の正常な機能維持，及び発電を目的としています。2006年1月1日に発売された新しい地形図では，広神ダムは工事中のダムの堤体が点線で示されています。地形図から最高水位が240m前後と読み取れます。堤体から標高240mの等高線を青ペンでなぞると，答図1.8.1のように計画の貯水池の大きさがわかります。答図1.8.2に示したように，4mm（実距離で100m）間隔で計測すると，①では63個の交点がありますので，湛水面積は63×1万m²（100m×100m）＝63万m²となります。②では線分（横線）の総計は235.5mmで，実際の線分の長さは2.5万倍して5890mとなります。それに線分の幅100mを掛けて，湛水面積は58.9万m²となります。③の方法は省略します。④のプラニメーターで計測すると60.0万m²となりました。湛水量は，答図1.3から湛水高を70mと判断し，60.0×70×1/3＝1400万m³となります。

パンフレットによれば，ダム高80m，設計洪水位240m，サーチャージ水位237.5m，湛水面積65万m²，総貯水容量1260万m³と記載されています。

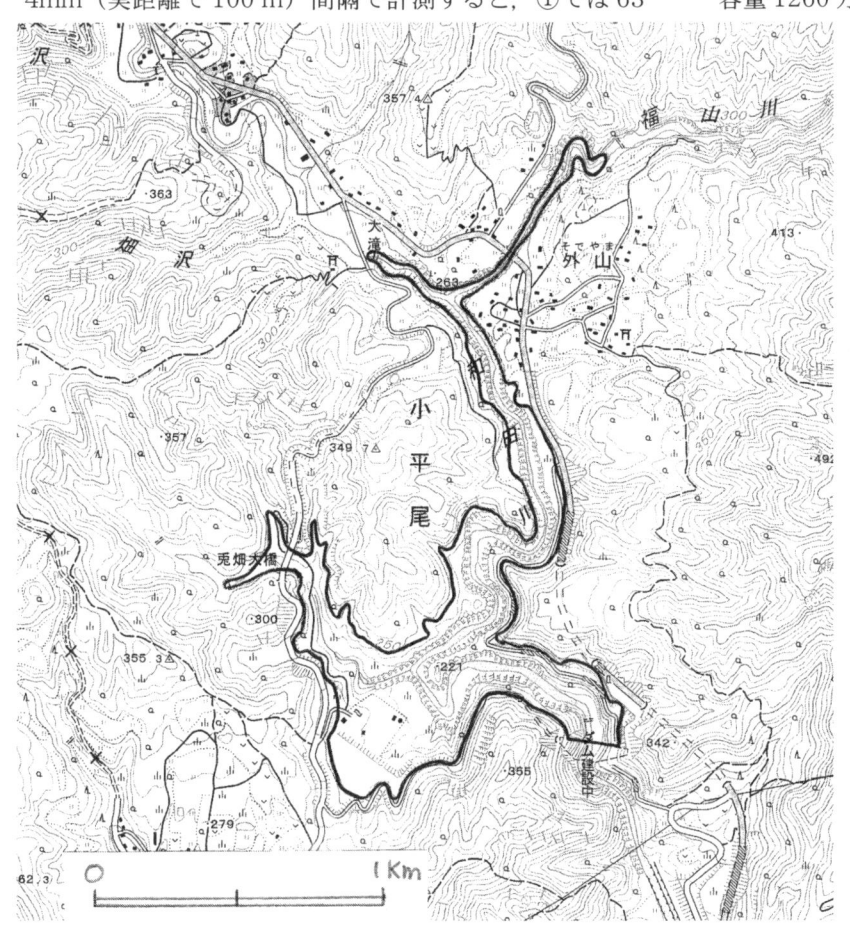

答図 1.8.1　広神ダムの湛水範囲（240mの等高線）

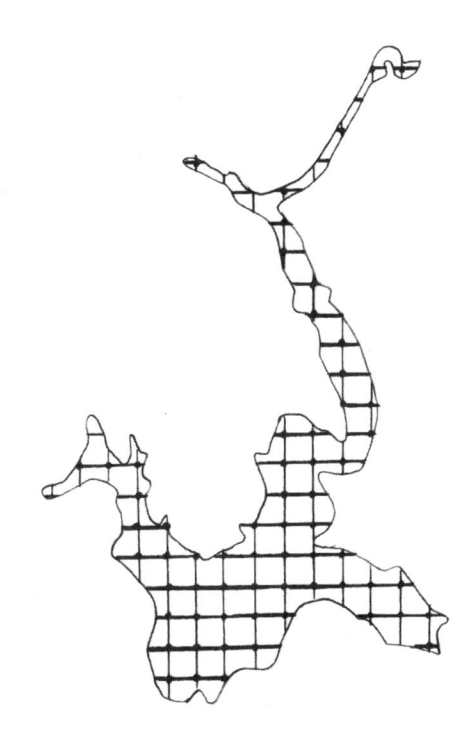

答図 1.8.2　広神ダムの湛水面積の計測

2 地形図の作図・読図演習

　1章の問題はできましたか。筆者が担当する東京農工大学の授業（応用地学）では，後半の30分程度で以下の地形図等の読図作業を行います。自分の土地勘のある山地地域（自分が住んでいる・いた地域，父母の郷里など）の地形図を準備しましょう。本書では土砂災害の起きやすい山地部の地形図を用います。卒論や修論，コンサルタントなどで調査対象地域が決まっている人は，調査地域の地形図を購入してください。ここでは，2004年10月23日の新潟県中越地震で土砂災害が多く発生した「小平尾（おびろう）」図幅を参考として，地形図の作図・読図作業の仕方を説明します。

2.1 住み慣れた場所の 1/2.5 万地形図，旧版地形図，航空写真，地質図・土壌図等の購入

　① 国土地理院の地形図を販売している大きな書店に行き，自分の土地勘のある場所で最高標高点と最低標高点の差が200 m以上ある **1/2.5 万地形図** を1枚以上購入してください（本演習帳では土砂災害を対象としますので，平坦地のみの地形図は適しません）。土地勘のある場所とは，自分が現在住んでいる場所，以前住んでいた場所，父母の郷里・祖父母などが住んでいる場所，卒論などの調査地を指します。

　② 要はこれから地形図等を読図・作図するに当たって，馴染みのある地域（土地勘のある場所）を選んでください。国土地理院発行の地図を販売している本屋さんに行くと，図2.1.1～2.1.3に示した国土地理院刊行地図の一覧図があります。本屋さんで一覧図を閲覧して，購入する地形図を決めてください。柾判（まさ）で3色刷りの1/2.5万地形図は1枚270円で，値引きすることはできません。

　③ 国土地理院の「**地図と測量の科学館**」（つくば市）や財団法人・日本地図センター（東京都目黒区青葉台）の閲覧コーナーに行くと，多くの縮尺の異なる地図を閲覧できます。また，土地利用図や（火山）土地条件図なども閲覧できます。一般の本屋さんでは，地図ケース棚から取り出して，確認してから購入してください。地図には，**1/50万地方図，1/20万地勢図，1/5万，1/2.5万，1/1万地形図** などがあります。国土地理院の地図コーナーのある大きな書店では，国土地理院発行の地図一覧図（一般図用と主題図用の2種類あります）を無料で貰えます。

　④　自分の土地勘のある場所が地形図の端の方である場合には，隣の範囲の地形図も購入してください。地形図には，図幅名と記号が付されています。本書では，新潟県中越地震で最も大きな土砂移動のあった地域の「**小平尾（おびろう）**」図幅などを作図の基図として使用します。この図幅には，NJ-54-35-1-1（高田1号-1）という記号がついています。

　⑤ NJ-54は，1/100万国際図における図画割と図面番号を示しています（図2.1.1）。Nは北半球，Jは赤道から順に4度ごとに分割した緯度（36度～40度），54は経度180度から東回りに6度ごとに分割された経度帯に順に付けられた番号です。西経が1～30，東経が31～60で，54は東経138度～144度の範囲を意味します。

　⑥ 次の35は1/20万地勢図の図幅番号で，1/100万国際図を6分割（36枚）して，右上から順番に番号が付されています（日本全国で130枚，6色刷りで320円）。NJ-54-35は「高田」図幅を意味します。1/20万地勢図は縦が40分，横が1度に区切られた範囲を示します。図幅の下の数字は編集・修正年次を示します。40～60は昭和，他の数字は平成を意味します。（　）は要部修正の年次です。高田図幅の（9）は，平成9年（1997）に要部修正されたことを意味します。

　⑦ 次の1は1/5万地形図の図幅番号で（図2.1.2），1/20万を4分割（16枚）して，右上から順番に番号が付されています（日本全国で1291枚，4色刷りで290円）。NJ-54-35-1は「小千谷」図幅を意味します。1/5万地形図は縦が10分，横が15分に区切られた範囲を示します。図幅の下の数字は編集・修正年次を示します。小千谷図幅の4は，平成4年（1992）に編集・修正されたことを意味します。

　⑧ 次の1は1/2.5万の図幅番号で（図2.1.3），1/5万を2分割（4枚）して，右上から順番に番号が付されています（日本全国で4339枚）。NJ-54-35-1-1は「小平尾」図幅を意味します。1/2.5万地形図は縦が5分，横が7.5分に区切られた範囲を示します。図幅の下の数字は編集・修正年次を示します。小平尾図幅の18は，平成18年（2006）に編集・修正されたことを意味します。

　現在販売中の「小平尾」，「半蔵金」，「片貝」，「小千谷」図幅は，昭和41年（1966）改測，新潟県中越地震以後に修正測図され，平成18年（2006）1月1日に販売されました。今までの地形図は隣の図幅との間にダブリはありませんでしたが，新図は重複部分があり，境界部分が見やすくなっています。本演習帳で主に使用した図幅は，昭和41年（1966）改測，平成13年（2001）に修正測図された図幅です。水系図などは平成18年（2006）に修正測図された新図でも読図作業を行いました。

　⑨ 地形図一覧図を見ると，赤字で「―世界測地系緯度の表示について―，測量法が改正され，我が国の経緯度の基準が世界共通のものとなりました。改正法の施工日は，平成14年（2002）4月1日です。」と記されています。**日本測地系**から**世界測地系**への変換値は地域によって少しずつ異なりますが，平均的には緯度が約＋12秒，経度が約－12秒（約300 m）加わったものになります。詳しくは，国土地理院作成の「世界測地系緯度・経度対照表」をご覧ください。一覧図で水色表示は日本測地系，白色表示は世界測地系で，赤色表示は世界測地系の地形図による新しい企画の地形図です。

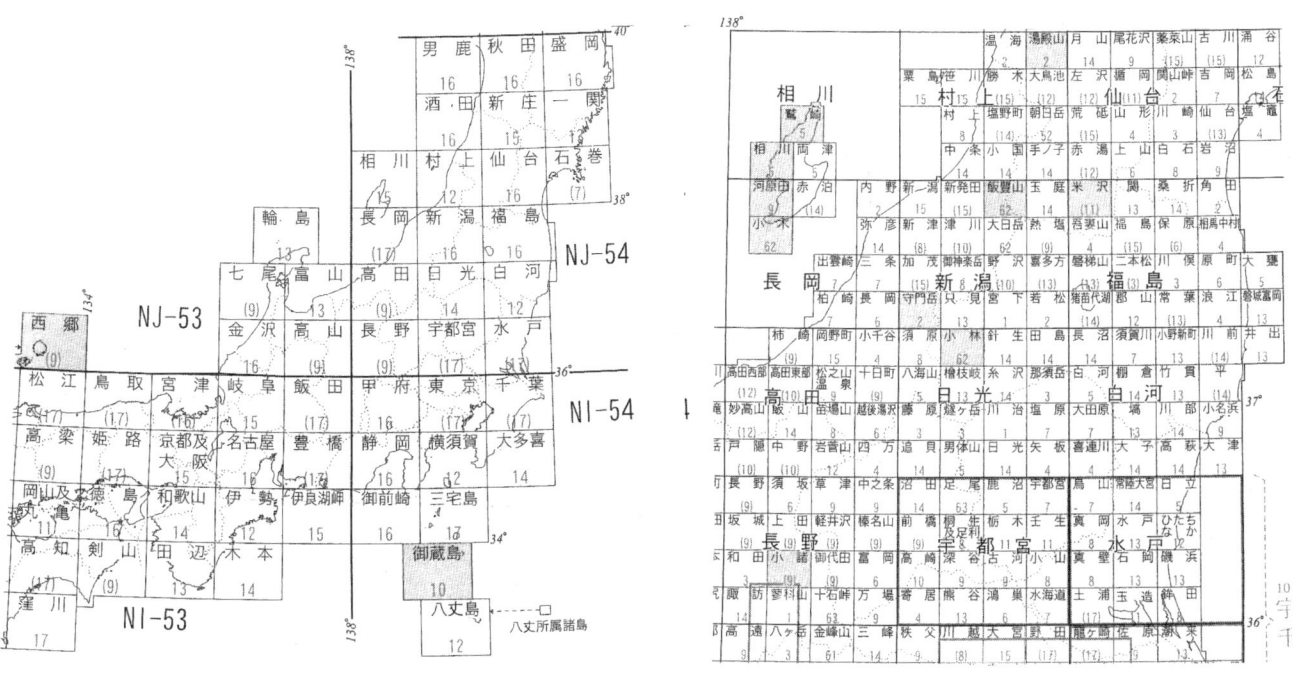

図 2.1.1 国土地理院発行の一覧図（1/20 万地勢図）

図 2.1.2 国土地理院発行の一覧図（1/5 万地形図）

世界測地系経緯度の表示について
測量法が改正され，我が国の経緯度の基準が世界共通のものとなりました。改正法の施行日は平成14年4月1日です。

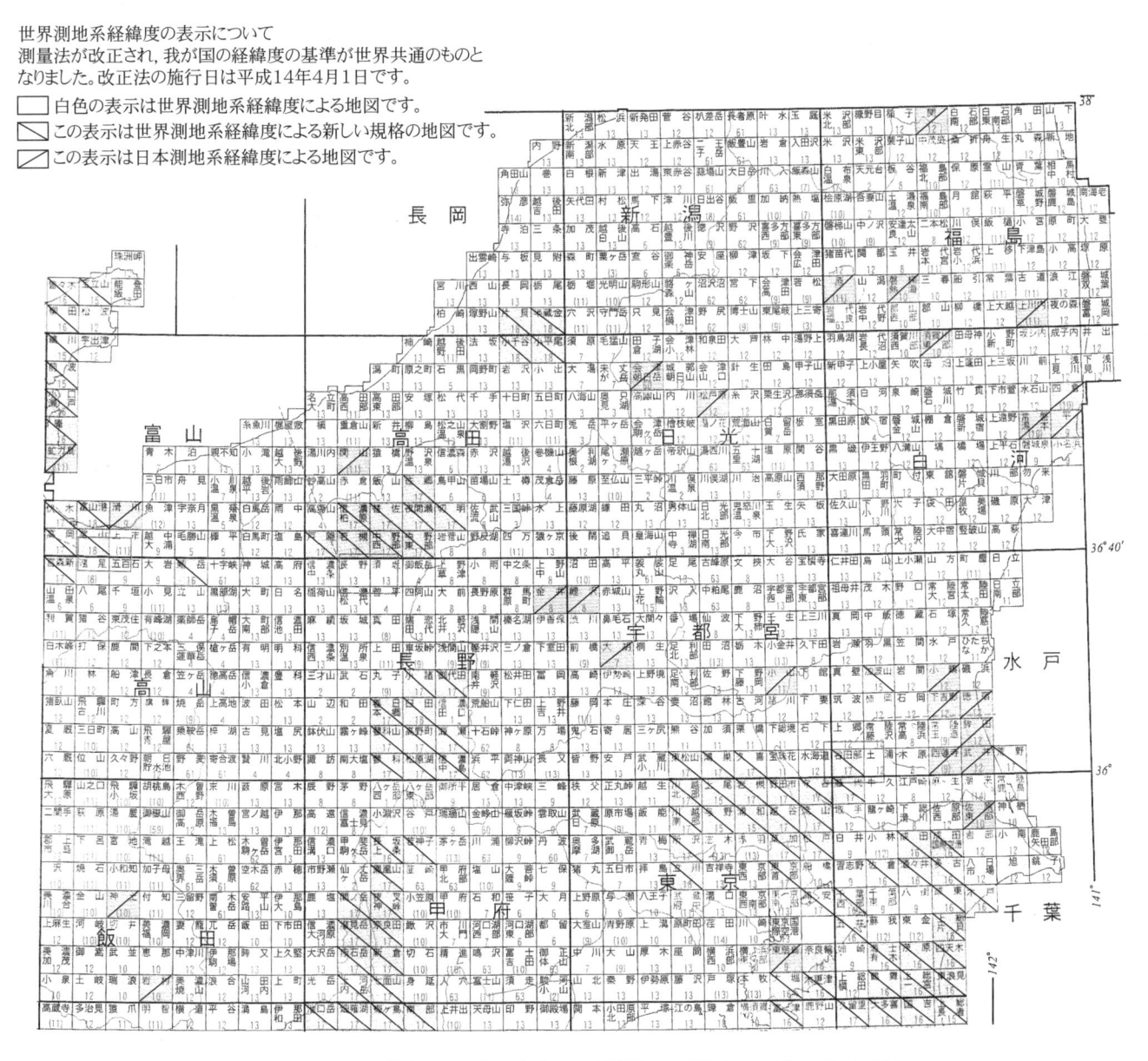

☐ 白色の表示は世界測地系経緯度による地図です。
◨ この表示は世界測地系経緯度による新しい規格の地図です。
◪ この表示は日本測地系経緯度による地図です。

図 2.1.3 国土地理院発行の一覧図（1/2.5 万地形図），いずれも 2006 年 6 月 1 日現在

2.2 地形図や航空写真の入手方法

国土地理院の地図一覧図（一般図と主題図の一覧図があります）を見るとわかりますが，上記以外にも1/2.5万**土地利用図**や**土地条件図**，**沿岸海域土地条件図**も販売されています。火山地域では1/2.5万**火山地域土地条件図**や1/5000**火山地域地形図**も販売されています。財団法人日本地図センターでは，1/2500・1/5000の**国土基本図**を注文販売（注文後コピーする）しています。森林管理署や日本森林技術協会では，1/5000**森林基本図**を販売しています。

地形図は基本的に等高線で高さと地形の立体形状を示しています。本演習帳では等高線で描かれた地図から立体感を得る手法を学びます。地形図の記号については，日本地図センター（2006a,b）で勉強してください。

2006年1月5日に国土地理院から発売された「平成16年新潟県中越地震1:25,000災害状況図・山古志」では，白黒陰影図（図2.2.1）とカラー段彩陰影図（図2.2.2）で地形の立体感を表現しています。これらの図では，地形の立体感を得られますが，必要な地点の標高はわかりません。等高線で表現された地形図は読みなれてくると，標高と地形の立体感を同時に得ることができます。

最近では，航空会社などから，レーザー計測から得られる**細密デジタル地形図**（答図1.7.2，向山，2005）**カラー標高傾斜図ELSAMAP**（図2.4.3，図2.4.5，佐々木・向山，2004および2007）や**赤色立体図**（千葉，2005，2006）など，新しい計測・表現技術による詳細な地形図が次々と考案され，販売されています。

市町村役場に行くと，1/2.5万地形図等を基図とした**都市計画図**（1/2,500〜1/1万もあります）などが販売されています。また，国土交通省や都道府県の出先事務所に行くと，様々な**管内図**（1/2.5万〜1/10万）が作成されています。卒論や調査の目的をきちんと説明すれば，無料でゆずってもらえます（販売はしていません）。市町村単位の国土基本図や森林基本図を入手できる場合もあります。

国土地理院や地方測量部に行くと，地形図の図歴簿が整理されており，各種の地図が何時測量され，発行されたかがわかります。現在発行されている地形図だけでなく，旧版地形図も購入してみましょう（問題の地形図－3，4）。土地利用の変化や大規模な地形改変，土砂災害，砂防工事着手以前の地形情報が入手できます。図歴簿で地形図の測量・発行年月日を確認して購入し，現在の地形図と比較判読してください。

ここでは，詳しく説明しませんが，独立行政法人産業総合研究所（旧地質調査所）などの機関では**地質図・活断層ストリップマップ・都市圏活断層図・土壌図・土地分類図・海図**等を出版・販売しています。すでに絶版になっているものもありますが，都道府県立図書館や市町村図立書館，大学・学校などの図書館で閲覧やコピーが可能でしょう。

また，現地調査を開始する前に，県史や市町村史，既往の参考文献・報告書をできるだけ多く収集・整理する必要があります。これらの図や文献を事前に入手することができれば，これから説明する読図や判読のための基礎知識が増え，判読間違いを少なくすることができます。

次に，航空写真や衛星写真の入手方法について，説明します。

地形・植生・土地利用などの地表面の特性を航空写真や衛星写真で判読し，地形図上に転記して，土砂災害状況図，崩壊地・地すべり地形分布図，地形分類図，活断層分布図，土地条件図，土壌図などが作成されています。また，各機関から様々な判読図が公表，販売されています。これらの判読図の入手方法は各機関のホームページで確認してください。

航空写真は，国土地理院，財団法人日本地図センター，日本森林技術協会などで，1945年以降に撮影された写真を注文することにより購入できます。日本地図センターのホームページを見ると，航空写真の購入方法が記されています。欲しい写真の撮影場所と撮影年月日を記載した標定図から選んで注文します。図2.2.3（中越地震前）と図2.2.4（中越地震後）は，2.13項で判読に使用した航空写真の標定図です。通常は密着写真（22×22cm）を購入しますが，1/1万の縮尺なら2.2km四方，1/2万の縮尺なら4.4km四方の範囲が写っています。航空写真は隣りあう写真ごとに2/3程度ダブって撮影されており，左右の写真を使用すれば，立体視することができます。航空写真は非常に精密なカメラで撮影されていますので，10倍程度まで引き伸ばすことができます。必要な範囲を注文して，2倍（46×46cm）の印画紙に部分伸ばしすることができます。

国土地理院のホームページでは航空写真を閲覧することがき，画像としてダウンロードもできます。最近では，1946〜57年頃の写真も公開されています。

民間の航空測量会社では，災害直後の写真を撮影・販売しています。

衛星写真については，財団法人リモート・センシング技術センター（RESTEC）などで購入できます。

地形分類図を作成すると，豪雨や地震によって発生しやすい土砂災害危険箇所や洪水氾濫危険地域が判断できるようになります。土砂災害危険箇所や避難場所・避難経路を記したものを**ハザードマップ**（ハザードマップ編集小委員会編著，2005）と呼びます。最近では各地方自治体が地域防災計画書に基づき，各種のハザードマップ（洪水・地すべり危険箇所・急傾斜地危険箇所・土石流危険渓流など）を作成しています。活火山地域では，将来の噴火に備えたハザードマップ（**火山防災マップ**）が公表されています（荒牧，2005，中村，2005，中村・他，2006）。また，地震にともなう被害については内閣府中央防災会議が**地震被害想定分布図**を作成し（内閣府のホームページをご覧ください），新聞や地方自治体がそれらの結果を公表しています。

これらのハザードマップとあなたが作成した地形分類図を比較して，あなた自身のハザードマップを作成してください。そして，その結果をあなたの家族や近所の方々に知らせてください。

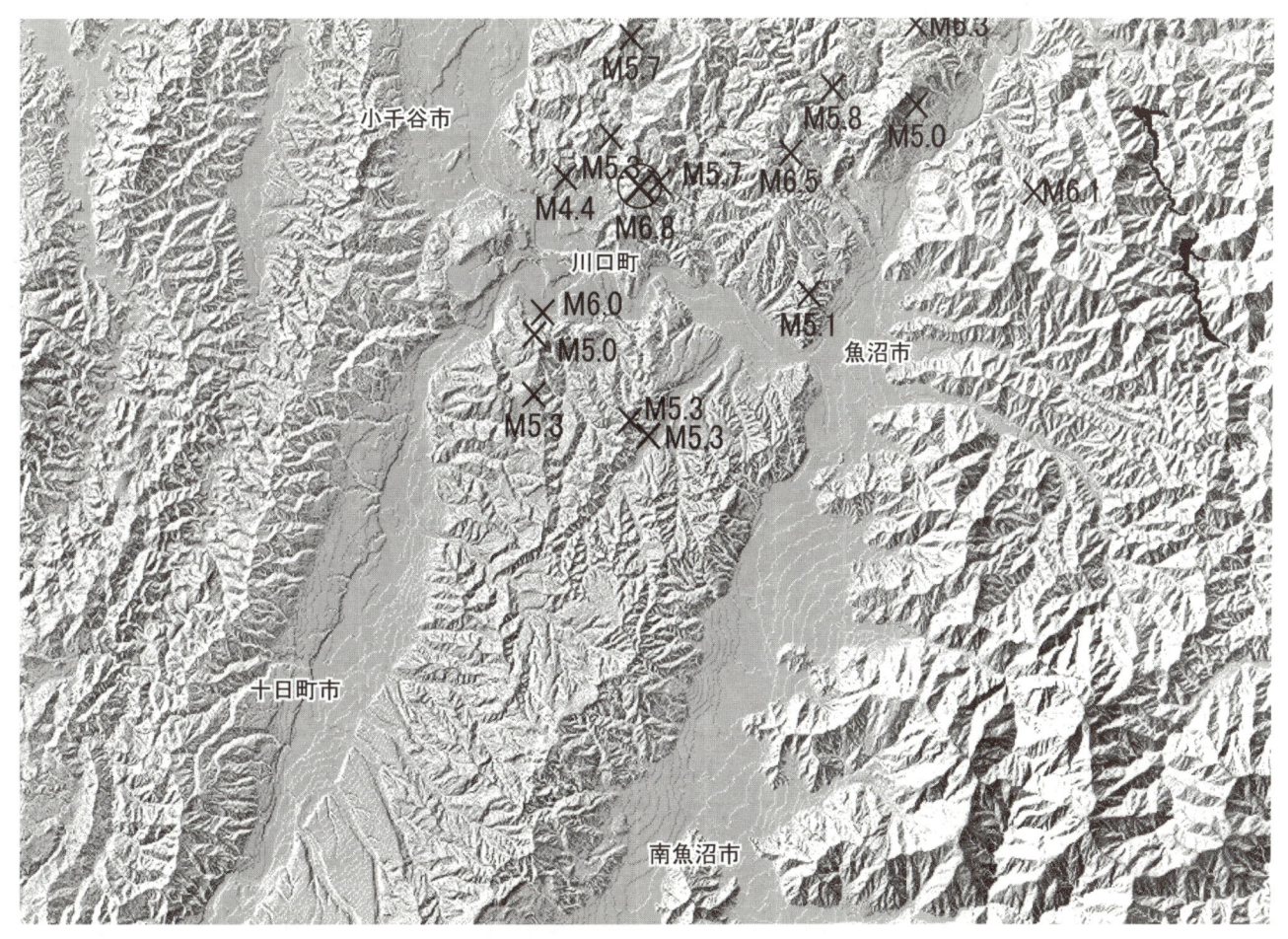

図 2.2.1 東山，魚沼丘陵の陰影図（国土地理院，平成 16 年新潟中越地震 1:25,000 災害状況図）

図 2.2.2 山古志地区のカラー段彩陰影図（国土地理院，平成 16 年新潟中越地震 1:25,000 災害状況図）

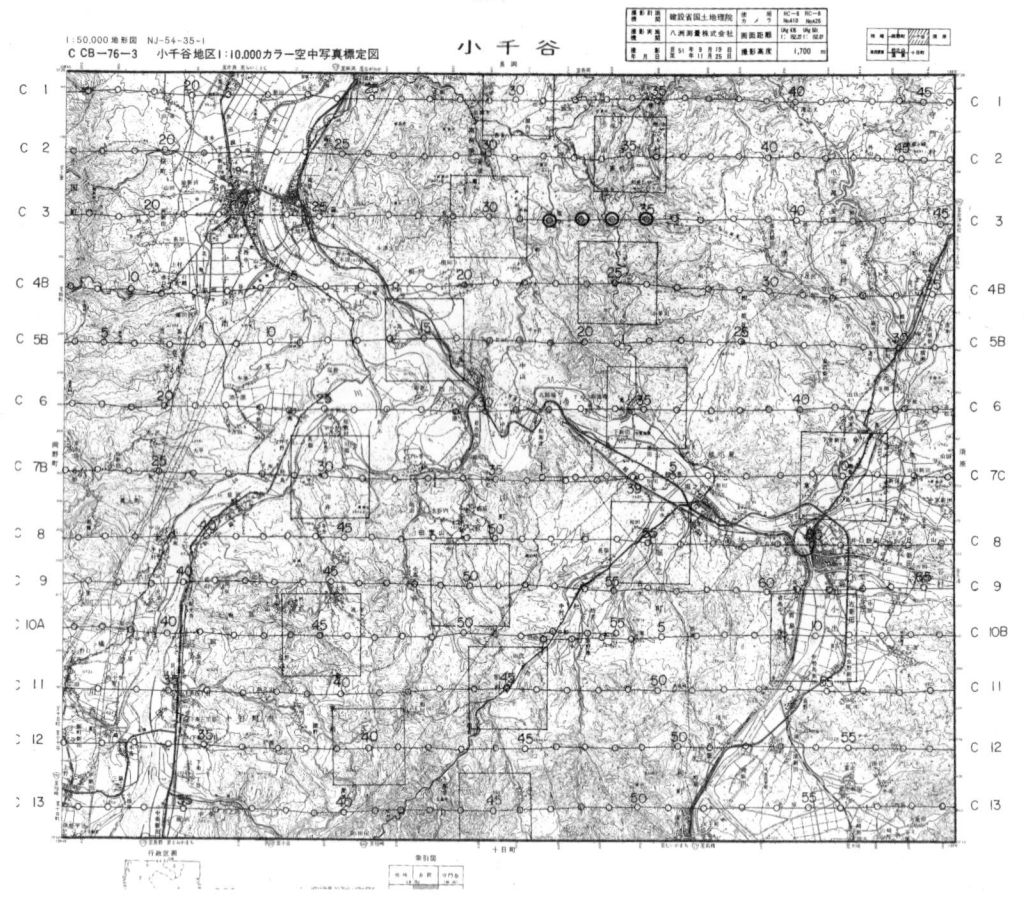

図 2.2.3　中越地震前撮影の航空写真の標定図（1976 年 11 月 02 日撮影，CCB-76-3）◎は航空写真 2.13.3 と 2.13.5

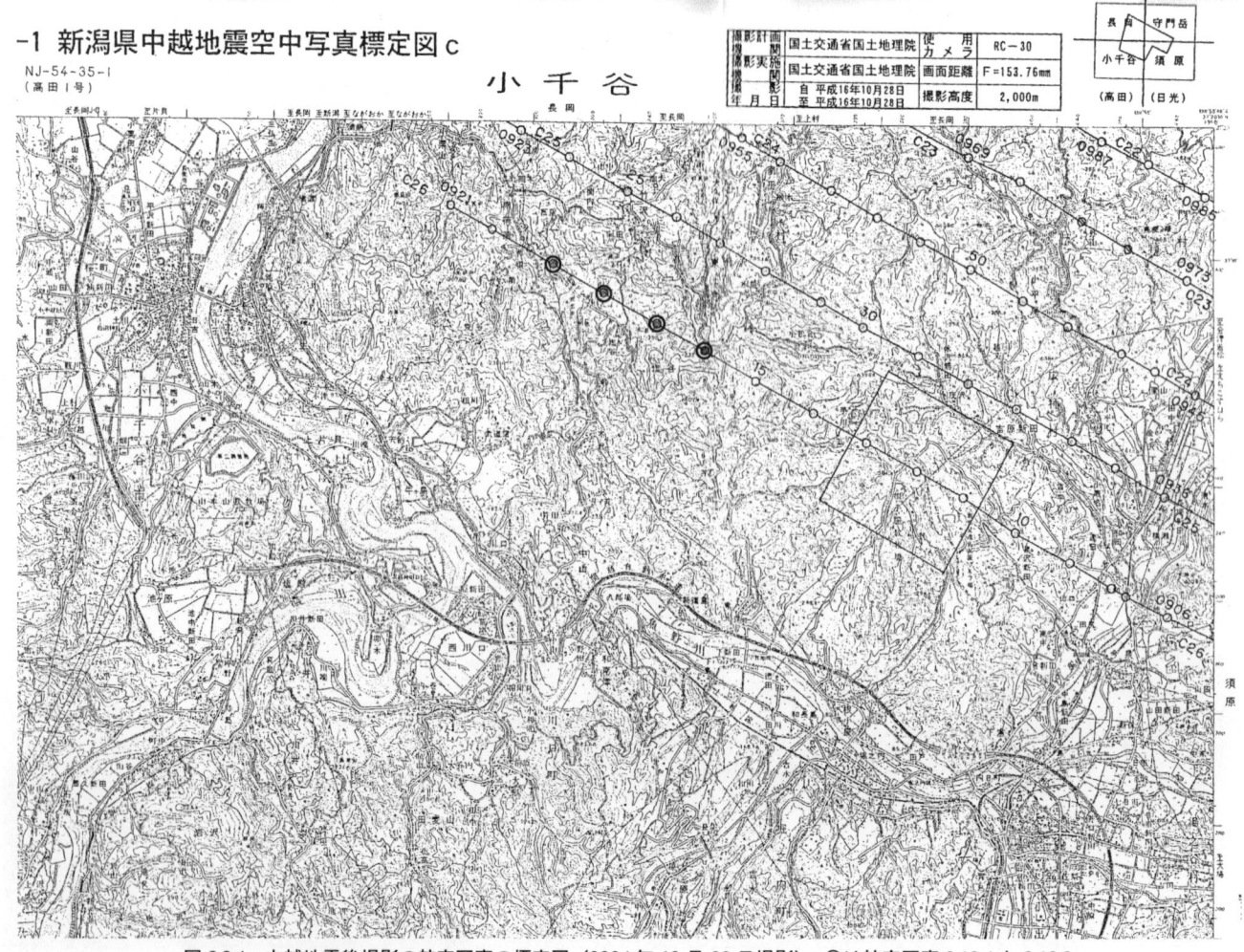

図 2.2.4　中越地震後撮影の航空写真の標定図（2004 年 10 月 28 日撮影）◎は航空写真 2.13.4 と 2.13.6

2.3 地形図は,「地形情報」図

(1) 地形図の定義と「地形情報」図

地図学の定義の上では,地形図とは,地表面の土地の起伏・形態・水系などの自然及び人工物の平面位置と高さを測量して,縮尺に応じて正確に描画された地図のことです(日本地図センター編,1997。日本国際地図学会編,1998 もほぼ同義)。わが国では実際には,地表にある計測できる実体の空間的位置情報と,それらの位置関係の把握を補佐する情報(たとえば行政界など)が記載された,比較的大縮尺の一般図が地形図と呼ばれています。

しかし本書の課題のように,谷や尾根の形がどう表示されているか,すなわち地形の立体としての特徴を明らかにすることが重要だ,という場合には,地形図は「地形情報」図である,という見方が役にたちます。すなわち,地形図は実際の地形を見るがままに再現するものではなく,地形を3次元座標で記述するというモデルによって「情報化」し,2次元平面に表現するための約束にしたがって,それを再現表示した「地形情報」図と考えるわけです。地形図読図とは,ありのままの地形ではなく,情報化された地形を読み取るということになります。

地形を情報化するには,いくつかの方法があります。言葉で記述するという方法もありますが,その大変さは「等高線ただ一本の曲折だけでもそれを筆に尽くすことはほとんど不可能であろう」という寺田寅彦の言葉(寺田,1948)の示すとおりでしょう。通常は,測量・計測による数値化,写真や絵図のような画像化,それにテキストが付け加わって地形の情報化がなされます。

(2)「地形情報」図の区分

「地形情報」図という観点から,地形図を区分してみました(図 2.3.1)。ここで狭い意味で「地形情報図」としたものは,1地点あるいはある広がりをもつ領域において計測できる地形量を,視覚的に面的表示した図です。「地形情報図」は,必ずしも見たままの地形の姿を表現しませんが,計測量を位置情報と共に認識することができます。それに対し「地形表現図」は,立体感などの視覚的な情報によって,見たままの地形に似せた姿を感得できるような図です。「地形表現図」には,図上から地形計測量を位置情報と共に取り出すことが必ずしもできない(目的としない)ものもあります。

(3) 等高線図も地形情報図

地図には親しんでいるが,山地の地形図を読むのは苦手という人は少なくありません。特に等高線の表現がハードルになることが多いようです。これは当然のことです。等高線は,地盤の高さの情報から,同高度の地点を繋いで人為的に引かれた線にすぎません。地形図を見ると実際の地形が浮かび上がってくるということをよく聞きます。しかし,地形図をいくら眺めていても,そこに視覚的に地形が復元される,というようなことはありません。あたり前のことですが,実際の地形は3次元の立体であるのに,地形図は2次元の平面だからです。

しかし,地形情報図という観点で見ると,等高線図はまず,数値情報の演算結果である等高度線の軌跡,という視覚的な情報による高度分布図という性質を持っています。この視覚情報は,3次元の立体を視覚的に表現することはできません。しかし,等高線を一定標高間隔で描画することにより,斜面傾斜の変化(等高線密度の変化),斜面の走向(等高線の向きの変化)などの地形情報を,2次元平面上で視覚的に同時に表現しています。一人三役をこなす,優れたマルチ地形表現手法といえるでしょう。そのため,立体感はなくても,立体としての地形の特徴をつかむことができるわけです。

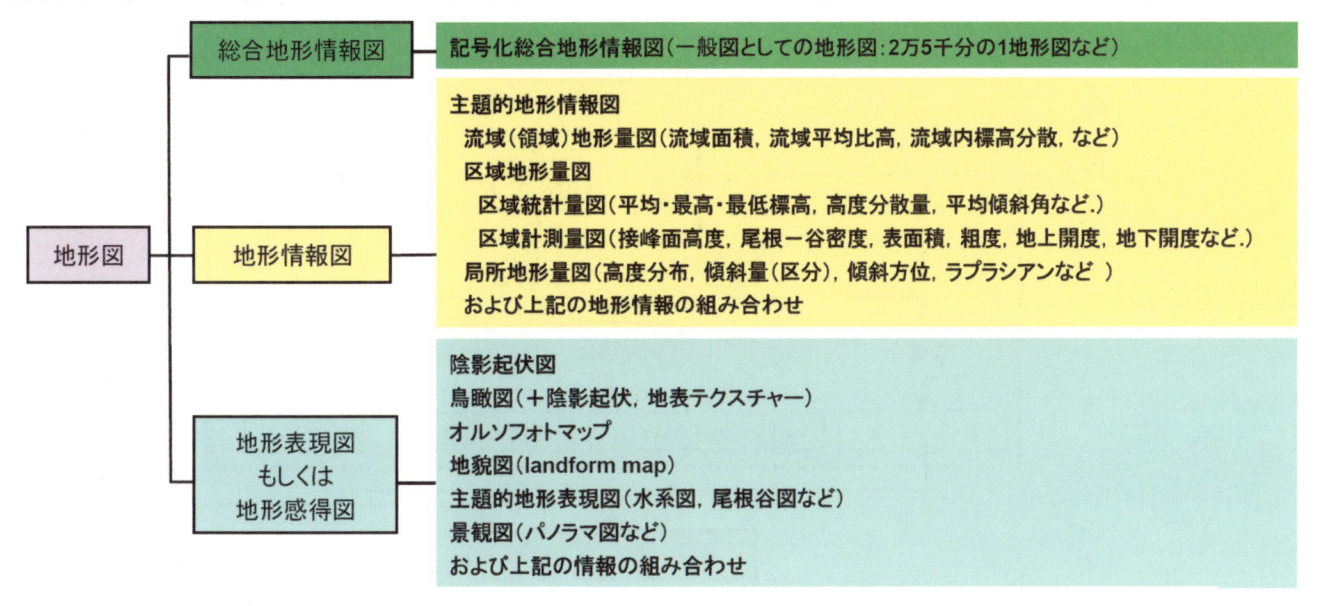

地形図
├─ 総合地形情報図
│   記号化総合地形情報図(一般図としての地形図:2万5千分の1地形図など)
├─ 地形情報図
│   主題的地形情報図
│   流域(領域)地形量図(流域面積,流域平均比高,流域内標高分散,など)
│   区域地形量図
│   区域統計量図(平均・最高・最低標高,高度分散量,平均傾斜角など.)
│   区域計測量図(接峰面高度,尾根-谷密度,表面積,粗度,地上開度,地下開度など.)
│   局所地形量図(高度分布,傾斜量(区分),傾斜方位,ラプラシアンなど)
│   および上記の地形情報の組み合わせ
└─ 地形表現図 もしくは 地形感得図
     陰影起伏図
     鳥瞰図(+陰影起伏,地表テクスチャー)
     オルソフォトマップ
     地貌図(landform map)
     主題的地形表現図(水系図,尾根谷図など)
     景観図(パノラマ図など)
     および上記の情報の組み合わせ

図 2.3.1 地形情報の表示という観点から見た地形図の種類と内容(向山・佐々木,2007)
区域地形量図,局所地形量図などの種類は,太田・八戸(2006)に整理された事例を使用

(4) 地形の情報化 の流れ

図 2.3.2 は地形の情報化の流れです。本書の作業に関わる項目をグレーの塗りつぶしボックスで示しました。地形の情報化は，過去にもその当時の構想と技術に従って行われています。本書の姉妹編，『建設技術者のための土砂災害の地形判読実例問題　中・上級編』では，古文書などの記述や既存資料の調査，空中写真判読を加えて，地形読図を行います。

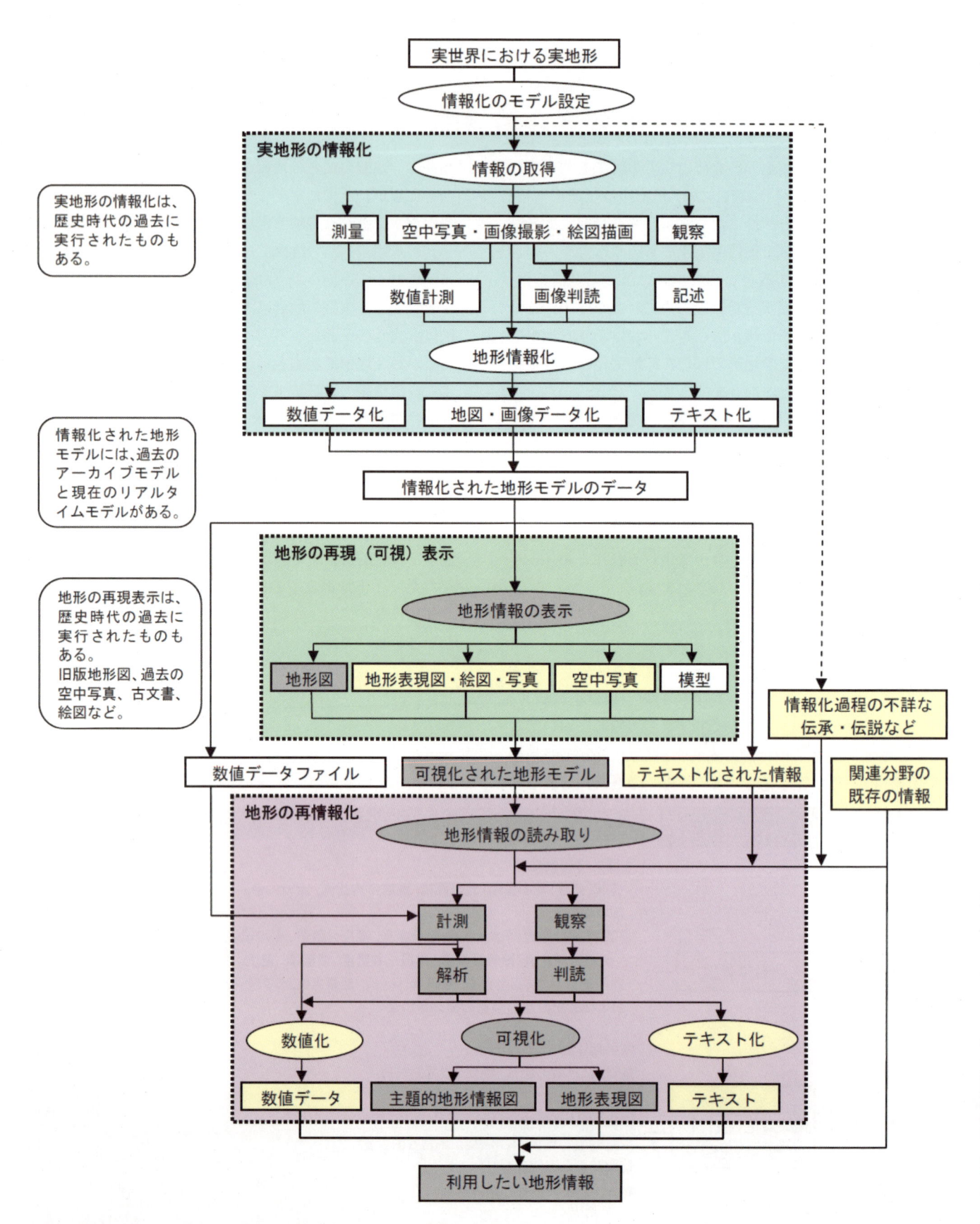

図 2.3.2　地形の情報化の流れ　　グレーの塗りつぶし枠は，本書で行う作業項目。黄色の塗りつぶし枠は，『建設技術者のための土砂災害の地形判読実例問題　中・上級編』で加わる項目。

2.4 立体を理解する方法
（1） 立体の認識方法と表示方法

地形図読図の最初の作業は，2次元平面の上に表示された地形情報から，3次元の立体を復元することです。地形の，立体としての特徴は，1地点においてはその位置（空間的な3次元座標 x,y,z で表される）および斜面の向きと傾斜の方向で表されます。また，ある面積を持った領域においては，斜面の向きの変化と傾斜の変化との組み合わせの3次元空間における連続性によって表されます。「地形を見る」とは，これらの立体としての特徴を何らかの方法で認識する，ということになります。

人間の知覚によって立体を認識する方法には，視覚や触覚などの五感を使う方法と，立体に関する知識を使う方法があります。立体である地形を理解するために，実地形と同様な立体感はかならずしも必要ではありません（図2.4.2）。ある約束に従って立体がひとつに決まるような立体情報があればよいのです。そのような情報は，たとえばアナログ地図である従来の等高線地形図には，高度分布という数値情報として備わっています。機械は，高度分布の数値情報があり，それが計算しやすいフォーマットになっていれば，演算によって立体の特徴をたちまち復元します。同じことを人間はあまり簡単にはできません。しかし，人間は，演算結果をもう一度視覚化し線描画するという手段により，視覚という優れた能力を生かして，「立体感のない立体」をすばやく認識することができるわけです。

また，傾斜や標高といった地形情報を複合的に組み合わせて視覚化し，通常の立体感に頼らず立体を認識させる手法もあります。図 2.4.3 ～図 2.4.5 は，標高と傾斜の情報を視覚化し，透過合成したカラー標高傾斜図（佐々木・向山，2004 および 2007）です。

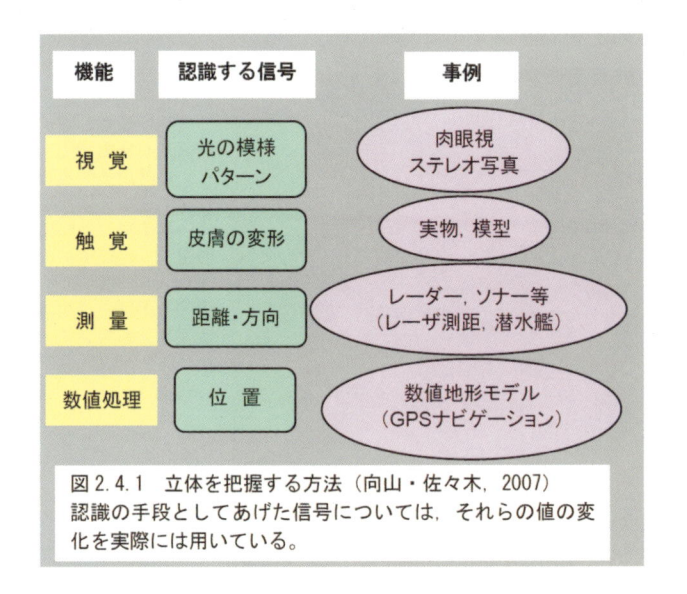

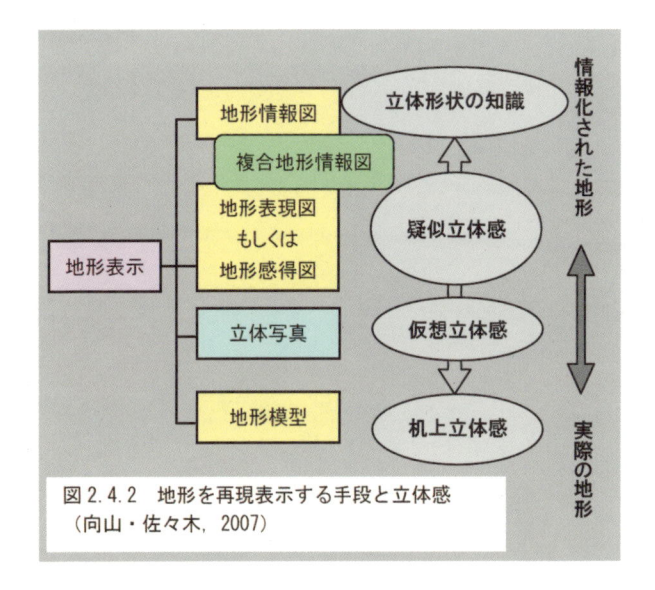

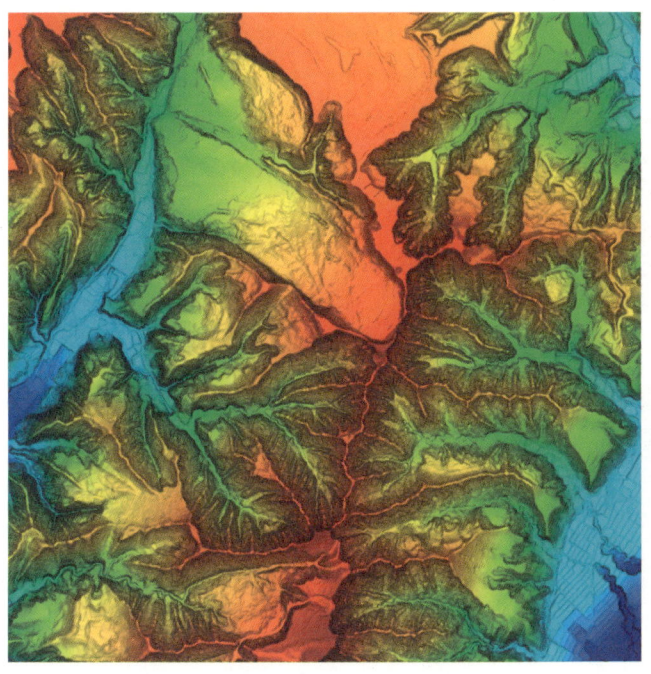

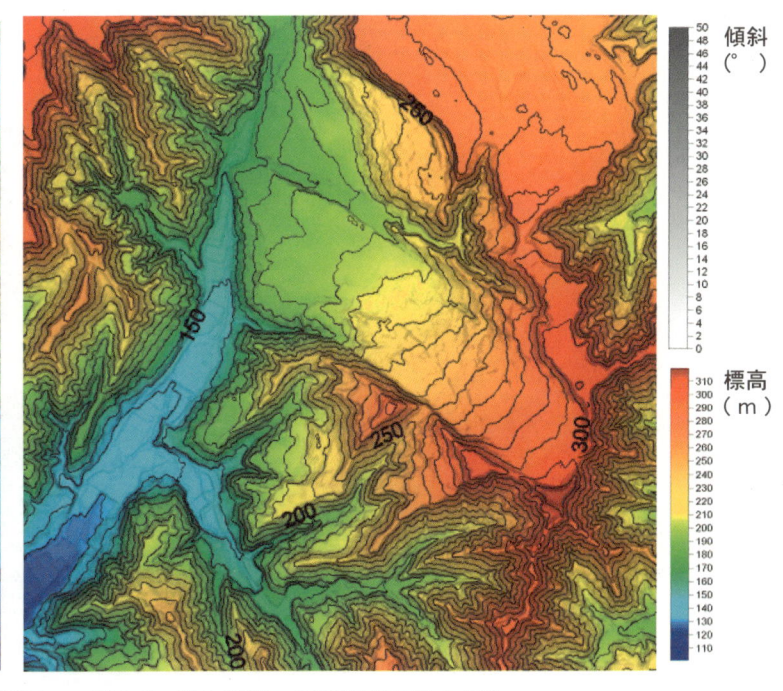

図 2.4.1 立体を把握する方法（向山・佐々木，2007）
認識の手段としてあげた信号については，それらの値の変化を実際には用いている。

図 2.4.2 地形を再現表示する手段と立体感（向山・佐々木，2007）

図 2.4.3 立体地形の理解に役立つ複合地形情報図 －カラー標高傾斜図－ （第 1 章 問 6 を参照 田沢川中流の地すべり）
標高情報をカラー段彩（低地を青，高地を赤），傾斜情報をグレースケール（50°以上は黒で一括）で表示。右図は，地すべり地形部分を拡大し，さらに等高線を重ねたもの。（地形データ：国際航業株式会社提供 2004 年 12 月航空レーザ計測による 2mDEM）

（2）2次元平面上で立体の理解を助ける方法

視覚的に立体を示さない等高線図で読図を行う際には，そこが実際にはどんな立体形状かを示す視覚的な情報が，補助的にあると便利です。立体の形状を視覚的に一目で感得したい場合に使われるのが，陰影の情報によって立体感を付けた画像や，立体を斜め上からの視点で写し取った斜め写真，鳥瞰図です（写真 2.4.1，写真 2.4.2 および図 2.4.4，図 2.4.5）。鳥瞰図や斜め写真も，実際の地形ではなく，地形を記述す

写真 2.4.1 立体地形の理解に役立つ画像情報－斜め写真①－ 小千谷市塩谷東部，大日山の巨大地すべり
矢印は，本書カバー写真の撮影方向
（写真提供：国際航業株式会社　2004年10月24日撮影）

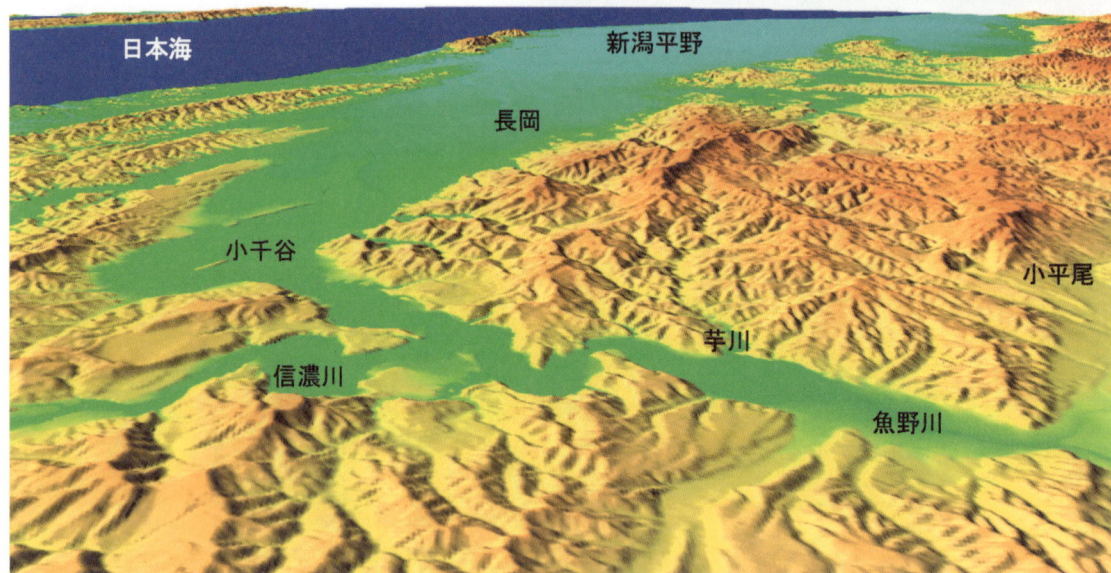

図 2.4.4 立体地形の理解に役立つ画像情報　－鳥瞰図①－　魚野川・信濃川右岸の東山丘陵地域の，高度段彩鳥瞰陰影図
（国土地理院数値地図50m標高　および地図ソフトカシミール3Dを使用）

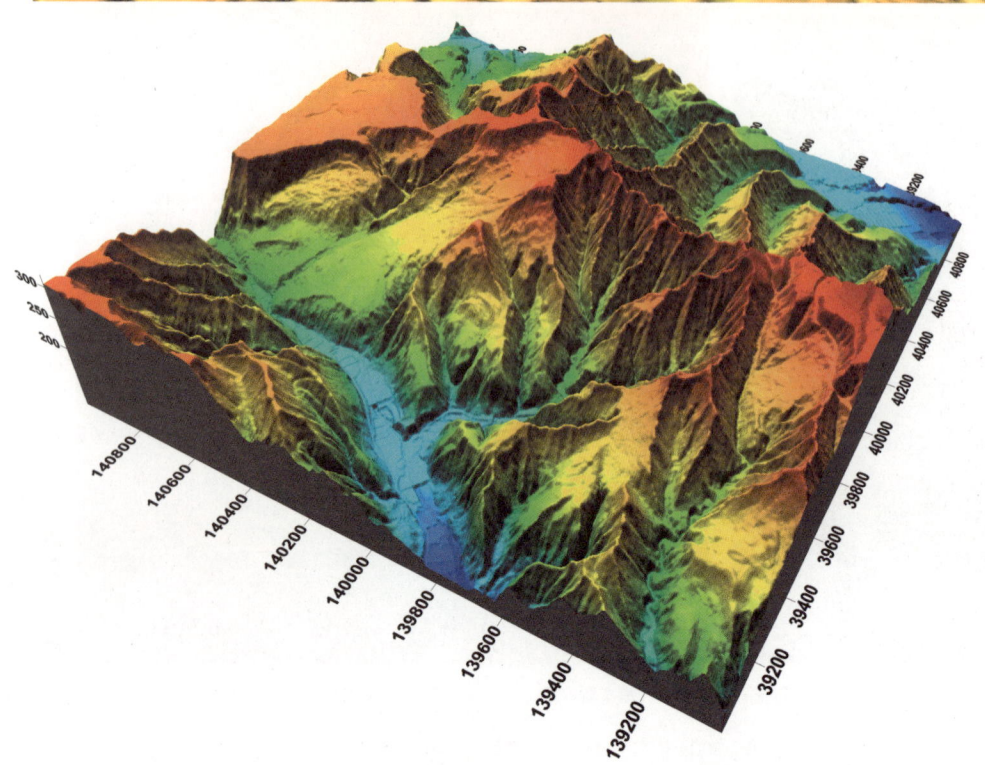

図 2.4.5 立体地形の理解に役立つ画像情報－鳥瞰図②－　数値地形データがあれば，市販のソフトウェアによりいろいろな地形表現ができる。田沢川中流の地すべり地形の高度段彩鳥瞰図。鉛直方向は2倍に強調。答図1.6および，図2.4.3参照。（地形データは図2.4.3と同様）

写真 2.4.2　立体地形の理解に役立つ画像情報－斜め写真②－　斜め写真でも立体視ができる。両眼立体視により、地すべりが河道を閉塞して、上流側に湛水域ができつつあるのが、立体的に感得できる。第 2 章　2.13(1) 寺野地区の地すべりと天然ダムを参照。
（写真提供：国際航業株式会社　2004 年 10 月 24 日撮影）

るために「情報化された地形」ですが、これだけでは計測性に欠けるところがあるので、図 2.3.1 では地形表現図に分類しています。

しかし、これらの手法は、いずれも 2 次元平面の画像であり、視覚的に立体を再現するものではありません。3 次元の立体を視覚的に再現するには、両眼立体視を行います。これを利用するのが、空中写真やアナグリフの立体視です。

（3）空中（航空）写真の実体視による仮想立体感

地形の特徴を、最初から実地形そのままのサイズで理解することは、困難な場合が少なくありません。見たい地形の範囲が広い場合には、人の目の視点では一度に見渡すことができません。そのようなときには、地形のミニチュアがあれば便利です。最近では、数値地形データから立体模型を作ることも容易になってきましたが、もっと手軽な方法として空中写真の実体視があります。空中写真から、視覚的なミニチュアの立体イメージを脳内に再現し、それと等高線図を見比べることで、情報化された地形から実地形のイメージが一致するようになります。また、空中写真には地形図の記号だけでは十分に表現できない地被の情報が豊富にあるので、地表の構成物から地形の成り立ちを理解する助けになります。本書では、いくつかの課題で空中写真の実体視による視覚情報を加えましたが、写真 2.4.2 のように斜め写真でも立体写真を作ることができます。

（4）デジタル時代のアナログ地図読図

日本全国の標高値のメッシュデータが電子情報として誰にでも容易に使えるようになり、アナログ紙地図の出番がなくなるのではないかともいわれています。しかし、実地形を情報化して写し取る、そして情報化された地形を可視化して情報を読み出す、さらに解析結果を可視化する、というプロセスは、アナログの地形図でもデジタル地形情報でも同じです。そして、デジタル地形情報も、ある約束に基づいて実地形から情報化された地形モデルであり、実世界の実地形とは異なる特徴を持つことを理解しておくことは重要です。

地形を情報化するとはどんなことか。それを理解するには、実際にやってみることが一番です。本書の演習では、地形図として再現表示された地形モデルから手作業で再び地形情報を取り出し、それを様々な主題で表現するという作業を行います。こういった基本的な作業の経験は、さらに進んで格子点標高データなどのデジタル地形情報を使う際に必要となる、様々な注意を理解するのに役立ちます。

（5）地形読図、地形判読と地形理解のサイクル

しかし、重要なことは、やはり現地を見るという経験です。現地に行かなければわからない、ということは、かならずあるものです。地形図上の情報化された地形、立体写真上のミニチュア視覚イメージによる確認、現地での実際の地形との照合、というサイクルを繰り返すことによって、必要な地形情報を効率よく取り出すことができるようになります（図 2.4.6）。

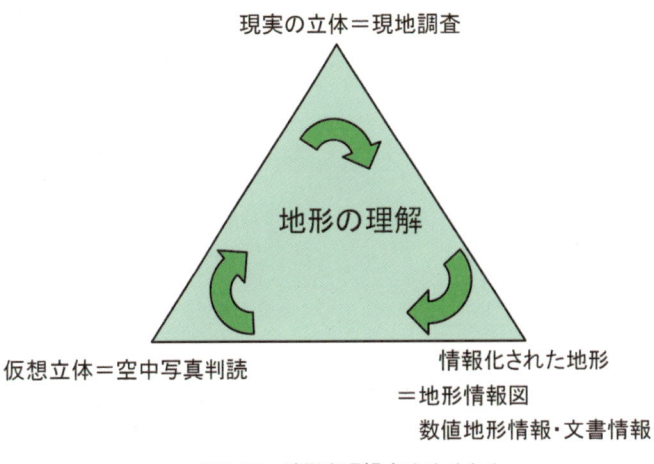

図 2.4.6　地形を理解するサイクル

2.5 地形断面図（最高点・最低点を結んだ線）の作成
→中・上級編の図1.2，図3.4，図4.3，図7.2，図9.3，図10.7，図11.5，図20.5，図21.6，参照

① 地形図を購入したら，地形図の4隅に書かれている文字や数字・記号の意味を調べましょう。地形図は右側の凡例など，多くの約束ごとをもとに書かれています。1/2.5万地形図では，1cmが250m（4cmが1km）で表現されています。地形図の範囲の大きさは，図幅の右欄に大きさが示されています。1/2.5万の従来の図幅では，縦が37.0cm（9.25km，緯度で5分），横が44.8cm（11.2km，経度で7.5分）程度です。平成14年（2002）4月1日以降は，世界測地系経緯度の表示方法に改正され，図式も変更されました。平成18年（2006）1月1日に発売された「小平尾」図幅は，隣接図幅とのダブリ区間も含めて，縦が41.93cm（10.46km），横が51.20cm（12.80km）です。

② 地形図の中の最高標高点と最低標高点を探して，その間を直線で結んでください。「小平尾」図幅では，最高標高点が鳥屋ガ峰の三角点で681.2m，最低標高点は魚野川河床で63mとなります（図2.5.1）。最低標高点が海（湖）である場合は海岸線が0m（または湖岸線標高）で，最低標高点となります。最高点からの直線が一番長くなるように結んでください。この直線にグラフ用紙を重ねて，地形断面図を作成してください。

③ 横軸（長さ方向）は，1/2.5万地形図との1kmと同じ4cm間隔で1,2,3…kmごと（40cmで10km）に印を付けてください。高さ方向（縦軸）はグラフ用紙の大きさと最高標高点と最低点を考えて，高さ方向を誇張して断面図を描いてください（図2.5.2）。等高線の混み方によって，地形勾配が表現されていることがわかります。

答図1.1は図2.5.2の9.0～13.0km区間を示しています。1倍，2.5倍，5.0倍の断面線の違いを確認してください。

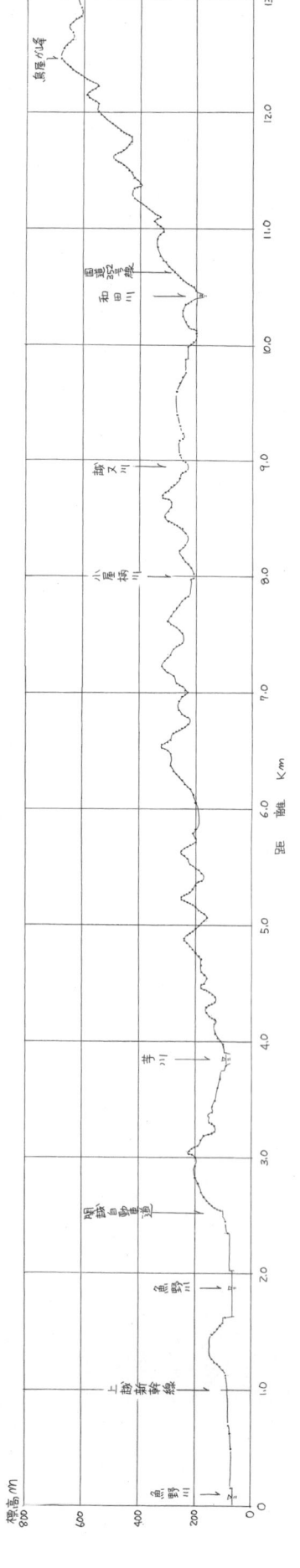

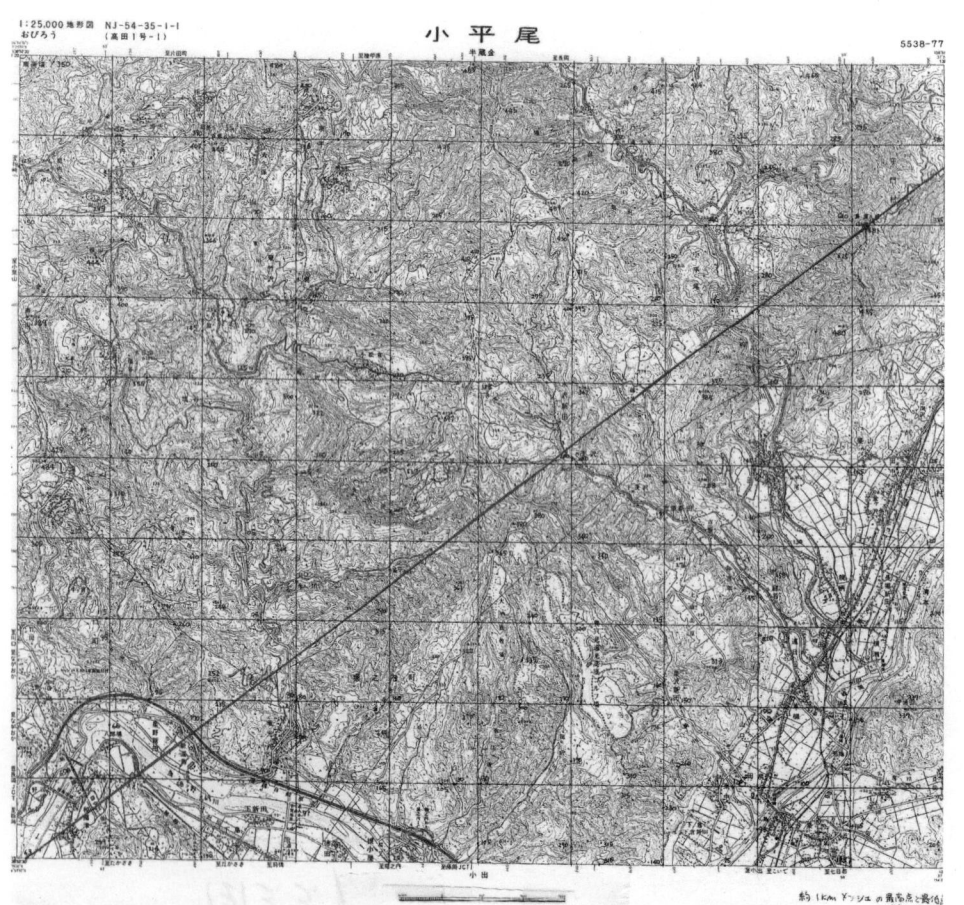

図2.5.1　1/2.5万「小平尾」図幅の最高点と最低点図（中越地震前，2001年修正測図）

図2.5.2　地形断面図（1/2.5万「小平尾」）

2.6 水系図（次数別），流域界図（次数別）の作成（尾根線と谷線の識別）
→中・上級編の図 18.1，参照

① 地形図は，高さを等高線と水準点や三角点・独標点に示された数字で示しています。地形の起伏は 1/2.5 万なら 10 m 間隔，1/5 万なら 20 m 間隔で主曲線，5 本ごとに太い計曲線（1/2.5 万なら 50 m 間隔，1/5 万なら 100 m 間隔）で示されています。等高線の並び方で地形の立体感を把握し，尾根線と谷線を識別してください。

② 分離した囲みの等高線から凸地と凹地を識別してください。降水は流域界を境に最大傾斜方向（等高線と直交する方向）に流下していきます。等高線の凸部は流線が離れて乾燥し，凹部は流線が集中して谷となり，しだいに水が流れるようになります。

③ 3 色刷の 1/2.5 万地形図では，常時水が流れている谷（川）は青色で表示されています。等高線による地形表現をじっくりと判読し，次数別水系図を描いてください。また，水系の範囲を示した流域界（尾根線）を描いてください。

④ 1 次河川の定義は，図 2.6.1 に示したように，谷の奥行き（a）と幅（b）が a／b＞1.0 以上となった地点からとします。それより上流の凹地形は 0 次の谷と呼びます。

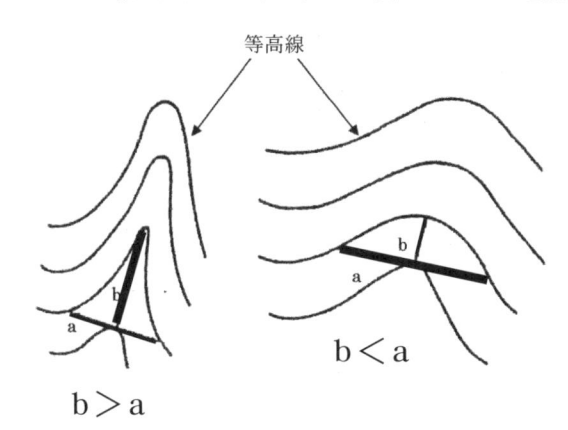

Strahler(1952) による水系次数区分法によれば，図 2.6.2 に示したように，1 次と 1 次が合流したら 2 次，2 次と 2 次が合流したら 3 次とします（鈴木，2000）。低い次数の河川が合流しても，次数は増えません。魚野川右支の芋川全体の水系図を描こうとすれば，小平尾図幅だけでなく，北の半蔵金図幅も購入して読図する必要があります。

⑤ 3 次以上の水系に対して，流域界（尾根線）を描いてください。この流域界によって，芋川流域を区分することができます。

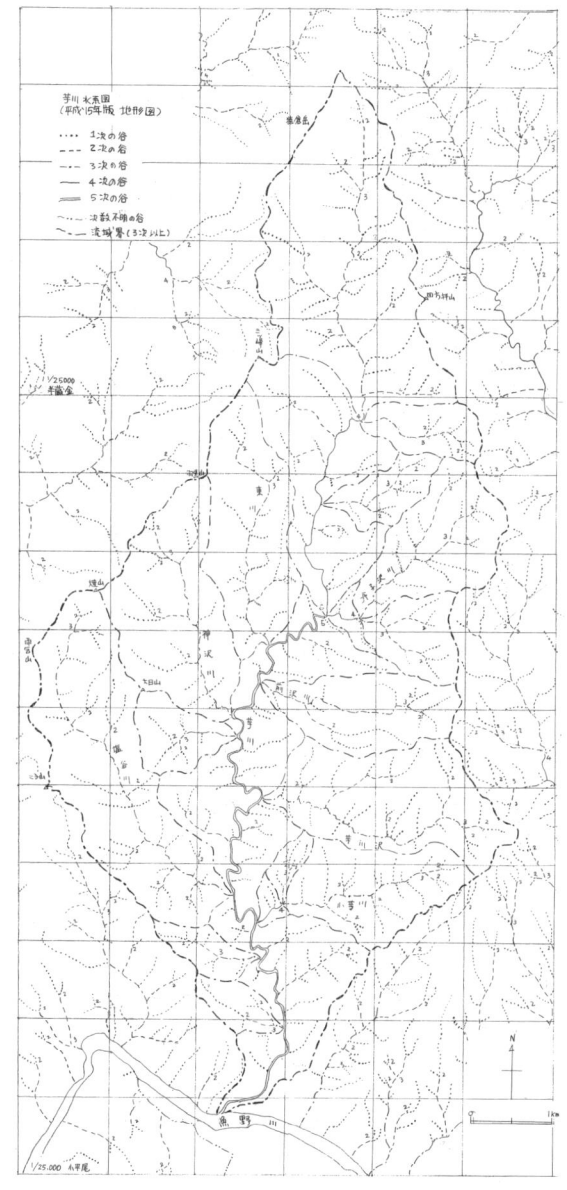

図 2.6.1 谷の定義

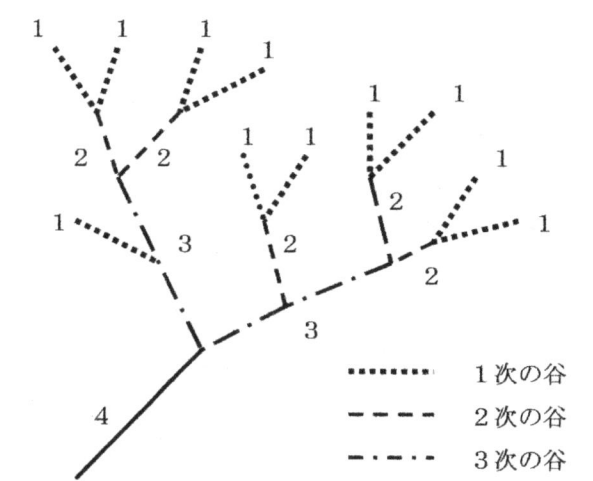

図 2.6.2 Strahler による水系次数区分

図 2.6.3 水系図（1/2.5 万「小平尾」，「半蔵金」図幅）

「小平尾」，「半蔵金」，「小千谷」，「片貝」図幅は，平成18年（2006）1月1日に世界測地経緯度による新しい企画の地図として発行されました。この地形図と平成13年（2001）に改測された地形図（すでに一般の書店では販売されていません。旧版地形図として国土地理院で購入できます）を比較すると，平成16年（2004）10月23日に発生した新潟県中越地震による地形変化の状況が示されています。地すべりや崩壊・土石流によって河道が閉塞され，各地に天然ダムが形成されました。平成18年版には最大の湛水範囲が示されているようです。逆に，地すべりなどによって，破壊された沼や水田が消滅しています。

このような地形変化の状況を知るために，図2.6.4を作成しました。水系網がどのように変化したか，図2.6.3と比較してください（裏表紙も参照してください）。

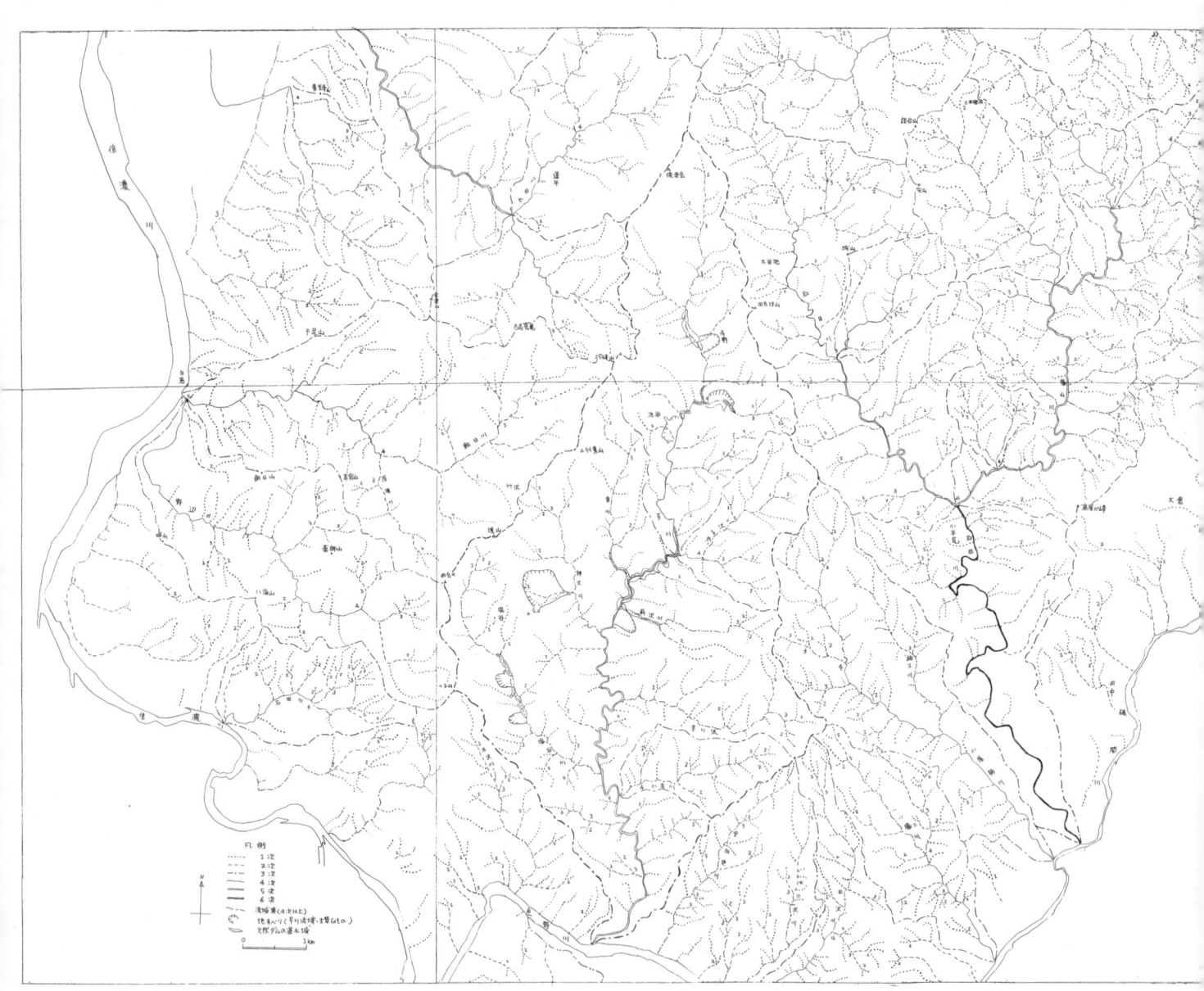

図2.6.4　2006年版の地形図による水系図（1/2.5万「小平尾」，「半蔵金」，「小千谷」，「片貝」の新図幅）

2.7 河床縦断面図の作成

→中・上級編の図 2.3, 図 9.5, 図 11.6, 図 15.2, 図 15.3, 参照

① 地形図の中で, まとまりのある水系を選び, 河床縦断面図をグラフ用紙に描いてください。縦軸と横軸は地形断面図と同様, 最高標高点と最低点を考えて, スケールを決めてください。最低点を左端とし, 徐々に標高が高くなるように描いてください。最上流部は 1 次谷で終わらず, 0 次谷を通り尾根に至るまで描いてください。本川が描けたら, 主な支流の河床断面図も合流点から上に描いてください。河床断面図には, 滝や貯水ダム (湛水域)・砂防ダムがあれば, その地点にそれらの名称を記してください。河床縦断面図から河床勾配を読み取ることができます。計曲線 (50 m 間隔) の間が 2 mm なら傾斜は 45 度 (1/1), 4 mm なら 27 度 (1/2) です。主曲線 (10 m 間隔) の間が 2 mm なら勾配は 20％ (1/5), 10 mm なら 4％ (1/20) です。

② 図 2.7.1 は芋川流域の河床縦断面図です。答図 1.3 と異なり, (株) パスコが中越地震後の 2004 年 10 月 24 日に撮影した航空写真で図化した 1/1 万平面図で作成しました。砂防ダムや新潟県中越地震で形成された河道閉塞 (天然ダム) や背後に貯留された湛水域も追記してあります。河床縦断面図には, 主な集落の位置, 道路や鉄道の橋梁の通過地点の高さも入れると良いでしょう。河成段丘があれば, 段丘面の高度を追記してください。過去の洪水流の高さや警戒危険水位を入れると, それより下の集落は洪水に対して危険であることがわかります。

③ 河道閉塞の背後には, 天然ダムが最高水位になった時点の水位標高と湛水範囲を示してあります。芋川の河床勾配は, 魚野川合流地点で 0.6％ (魚野川本川 0.3％), 東竹沢地点で 1.0％, 寺野付近で 3.5％ です。その他の河道閉塞地点の天然ダムは塞止め高さが 10 m 以下で, 湛水量はあまり多くありません。しかし, 今後の融雪時や豪雨時には地すべり性崩壊現象が拡大し, 河道閉塞の塞止め高さが高くなることが懸念されます。また, 支流地域を含めて, 新たに河道閉塞が起きる可能性があります。融雪時や豪雨時に, 新たに支流で河道閉塞が起きた場合, 本川よりも河床勾配が急であるため, 決壊すると土石流が発生しやすく, 注意する必要があります。

表 2.7.1 東竹沢と寺野の河道閉塞 (天然ダム) の形状
国土交通省北陸地方整備局 (2004c)

	地区	寺野	東竹沢
	流域面積 km²	4.87	18.6
河道閉塞の規模	高さ m	31.1	31.5
	最大長 m	260	320
	最大幅 m	123	168
	堰き止め土量万 m³	30.3	65.6
	最大湛水量万 m³	38.8	25.6
地すべりの規模	長さ m	360	350
	幅 m	230	295
	想定深さ m	25	30
	移動土砂量万 m³	104	192

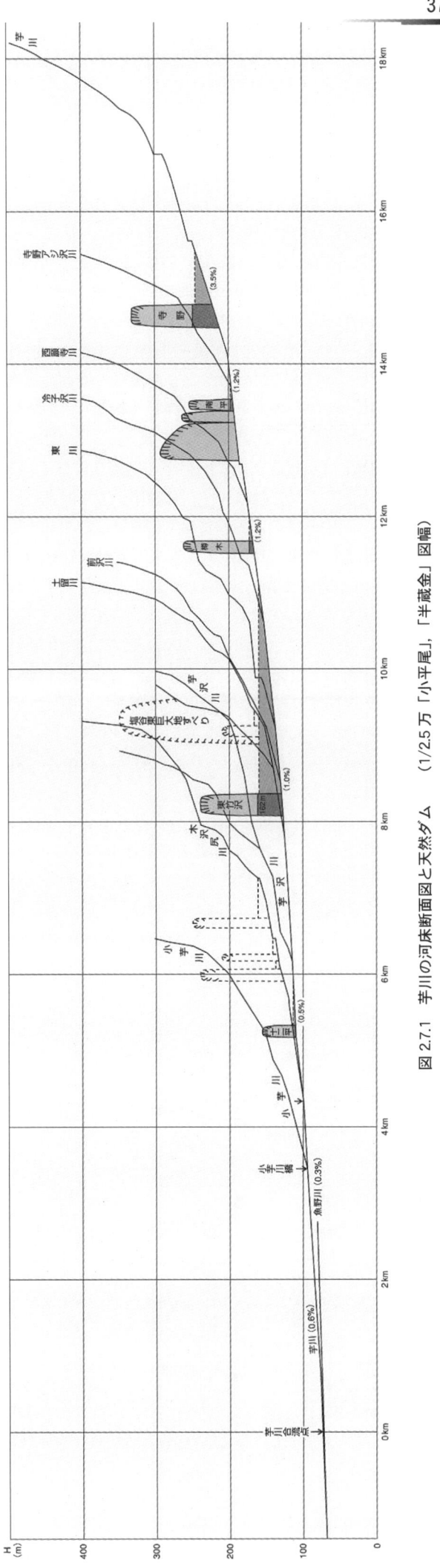

図 2.7.1 芋川の河床断面図と天然ダム (1/2.5 万「小平尾」,「半蔵金」図幅)

2.8 地形図を縦横10等分（約1kmメッシュ）して最高点と最低点の一覧表の作成

① 1/2.5万地形図は，経度方向に7分30秒，緯度方向に5分の範囲が地形図上で約40cm四方（実際は10km四方）に示されています。地形図の右側の小さな行政区画の説明の四角い枠の周囲に，図画の大きさが示されています。平成13年（2001）に改測された「小平尾」図幅（図2.5.1）では，縦が36.99cm（実距離で9.25km），上端が44.31cm（同11.08km），下端が44.36cm（同11.09km）です。下端が上端よりも大きいのは，地球が丸いためです。日本の北のほう（北海道）の地形図と南のほう（九州・沖縄）の地形図を比べてみると，その違いは明瞭です。

② 図2.5.1に示したように，小平尾図幅を縦横10等分した線分を引き，100個のメッシュを作ってください。丹念に見ると，地形図の図画線には10等分した1mm程度の線分が出ています。1個のメッシュは縦が3.7cm（実距離が925m），横が4.4cm（同1108m）となります。メッシュ線は消えないようにボールペンなどで線を引いてください。次にA4のグラフ用紙に10cm四方で1cm間隔のメッシュを書いてください。このメッシュ図は後で使いますので，5枚程度コピーしておいてください。10cmの正方形にすると，上記の地形図は少し歪みがでますが，4cmメッシュの1/4，すなわち1/10万の縮尺（1cmが1km）となります。

③ 2.5項の説明と同様に，それらのメッシュごとに最高点と最低点を探して，その位置を地形図上にプロット（・印）するとともに，その標高を最高点は赤，最低点は青のボールペンで書き込んでください。プロットの位置はメッシュの中央ではなく，最高点や最低点が表れた場所としてください。隣のメッシュとの境に最高点や最低点がある場合には，メッシュ境界の線分上に印をして標高を書き込んでください。②で作成した100等分のメッシュ図のコピー上に最高点（図2.8.1）と最低点（図2.8.2）を書き込み，一覧図を作成してください。1枚のメッシュ図に最高点（赤字）と最低点（青字）を同時に書き込んでも構いません。最高点と最低点の位置は，メッシュの中央ではなく，これらの点が現れたメッシュ内の位置としてください。

④ 平成18年（2006）に改測された世界経緯度測地系による新しい規格の「小平尾」図幅では，縦が41.93cm（実距離で10.46km），上端が51.20cm（同12.80km），下端が51.25cm（同12.81km）となっています。これは今までの地形図と異なり，左右前後の地形図と重なり合う部分を重複させているためです。図画枠を詳しく見ると，隣との図画の境が茶色の△で示され，上端に37度20分0秒，下端に37度15分0秒，左端に138度52分30秒，右端に139度0分0秒と記されています。新しい規格の地形図では上記の境線をもとに10等分してください。

これで，10等分の大きさは日本経緯度測地系による平成13年（2001）修正測量図の旧版（平成13年版）と同じになりますが，緯度が約+12秒，経度が約−12秒ずれています。

⑤ 「小平尾」図幅では，最高点の最高値が681mで，最低値が125mです（図2.8.1）。逆に，最低点の最高値が295mで，最低値が63mです（図2.8.2）。このことから，「小平尾」図幅の範囲は標高差（比高）500m以下の丘陵性山地であることがわかります。町田・松田・海津・小泉（2006）の『日本の地形5 中部』によれば，この地域はA2-11の魚沼丘陵（魚沼川の南西側）と東山丘陵（魚沼川の北東側）に位置しています。

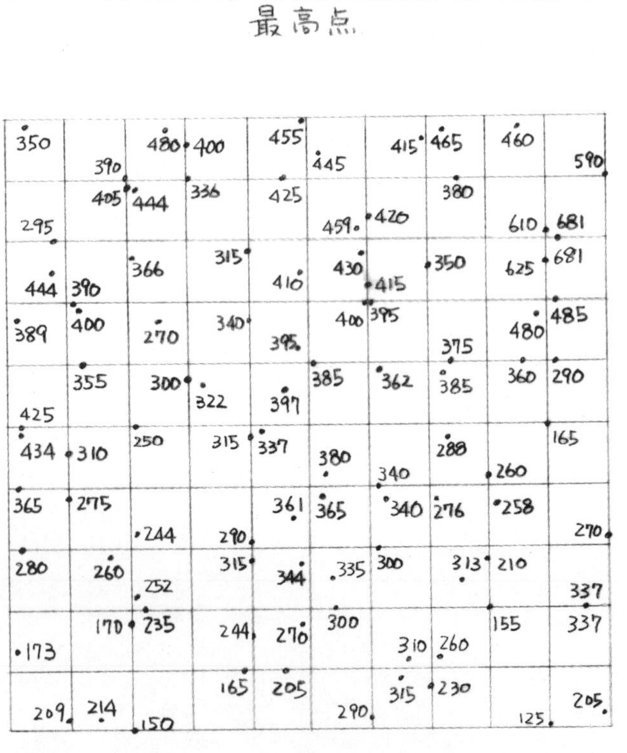

図2.8.1 10等分メッシュによる最高点（1/2.5万「小平尾」図幅）

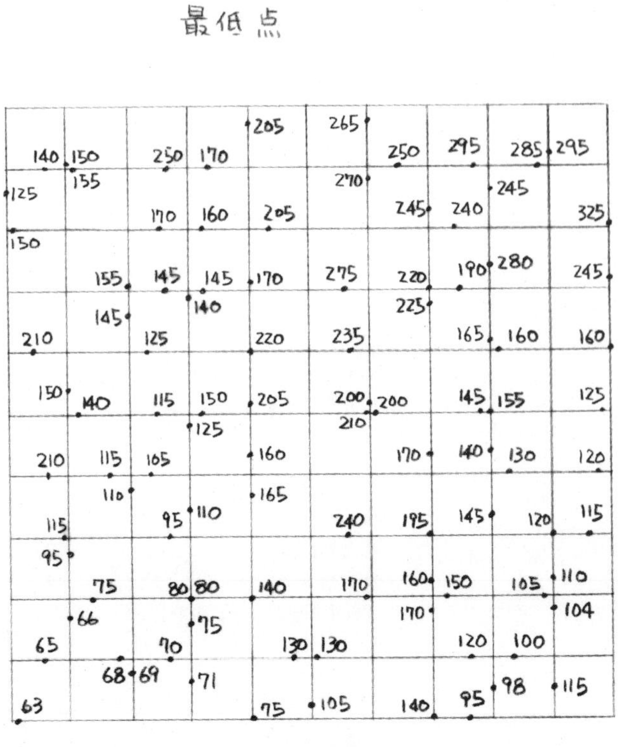

図2.8.2 10等分メッシュによる最低点（1/2.5万「小平尾」図幅）

コラム　10等分メッシュの手法

　地球上の位置を経度・緯度で表すための基準を測地基準系（測地系）といい，地球の形に最も近い円転楕円体（地球楕円体）で定義されます（熊木・他，2003）。

　日本測地系（旧測地系）は全国に多数配置された基準点をもとに経度・緯度を求めています。日本では，明治時代以降，地形図作成のために決定した円転楕円体（ベッセル楕円体）を位置の基準としていました。世界測地系は電波星を利用したVLBI観測や人工衛星観測により設定された世界共通に使える測地基準系です。

　東京都港区麻布台にある「日本経緯度原点」は，世界測地系で計ると，経度・緯度とも約12秒（実距離で約400 m）の違いがあります。また，過去100年間の日本列島の地殻変動の影響などでひずみが生じ，東京から見て札幌が西へ約9 m，福岡が南へ約4 mずれて来ました。

　近年，GPSやGISなど，精度の高い位置情報利用技術が出現したため，平成14年（2002）4月1日に測量法が改正されました。世界測地系に基づく高精度な測地基準点成果を利用した新しい規格の地形図が作成され始めました。

　図2.5.1は，2.6項以降で作業した日本測地系の地形図の10等分（100分割）のラインを示しています。2章は2005年に作業をしましたので，1966年測図・2001年改測の地形図を使用しています。1章と裏表紙は2006年1月1日に改測・発売された世界測地系の新しい規格の地形図を使用しました。図2.1.3の地形図販売一覧図によれば，現在販売している1/2.5万地形図には，以下の3種類があります。

　　右斜線表示：日本測地系緯度による地形図
　　白色表示：世界測地系緯度による地形図
　　左斜線表示：世界測地系緯度による新しい規格の地形図

　1/2.5万「小平尾」では18.5秒（地形図で18mm，実距離450 m），緯度で10.9秒（地形図で14mm，実距離350 m）のずれがあります。しがたって，となりの図幅とはメッシュもずれることになります。

　このずれは図幅の位置によっても少し異なります。白色表示の地形図は，世界測地系緯度（茶色）と日本測地系緯度（黒色）が同時に表現されていますが，日本測地系緯度で地形図の範囲が区切られていますので，水色表示の日本測地系緯度と繋ぎ目での混乱はありません。

　新しい規格の地形図とのメッシュの貼り合わせはかなり複雑です。「小平尾」図幅は地形図の上下に24mm，左右に34mmの重複区間があるため，地形図の10等分（100分割）のラインは，図2.8.3のようになります。古い規格の地形図とは，図画がずれています。地形図の端には，青色の▽で日本測地系の境界が，茶色の▽で世界測地系の隣接図との境界が示されています。

　このことを知っていないと，メッシュを書き込んでから泣くことになります。十分注意してメッシュラインを引きましょう。隣の地形図と貼り合わせる時にも，十分注意する必要があります。

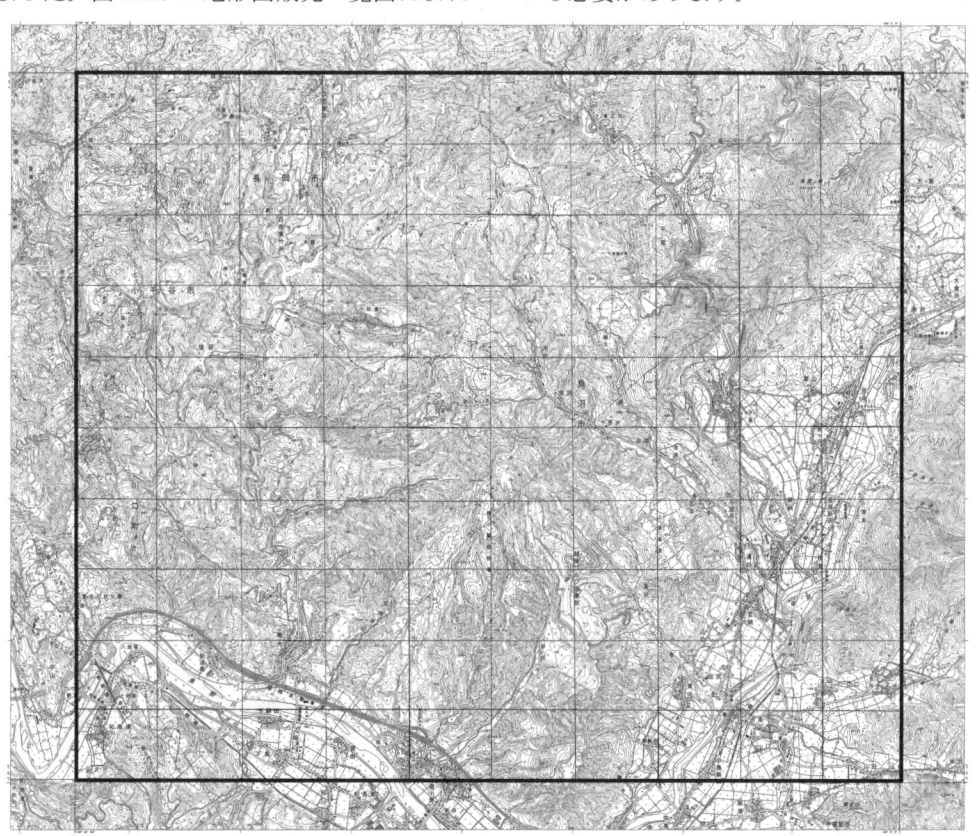

図2.8.3　新しい地形図による10等分メッシュ（中越地震後，2006）

2.9 起伏量図（約1kmメッシュの比高）の作成

① 2.8項②で作成した100個のメッシュ図のコピーを使用します。このメッシュを，2.8項で作成した地形図のメッシュ枠と同じと見なします。1個のメッシュは縦が3.7cm（実距離で925m），横が4.4cm（同1108m）となります。

② 2.8項で読み取った最高点と最低点をもとに，100分割した範囲（4cm，実際は約1kmメッシュ）の最高点と最低点の差（比高）を読み取り，メッシュ上の中央部に書き込みます。この値はメッシュごとの起伏量となります。メッシュの間隔を大きくすると，起伏量も大きくなりますが，しだいに増加率は小さくなります。「小平尾」図幅のような丘陵性山地では，1kmメッシュ（地形図上で4cm間隔，地形図の10等分）が適当ですが，より起伏の大きな山地部では，メッシュ間隔を大きくしたほうがよいでしょう。

③ 表2.9.1の10等分メッシュによる起伏量の一覧表ができたら，図2.9.1に示したように，起伏量の最大値と最小値を考えて，5段階程度に分類し，段彩してください。段彩の色は虹色の順に並べ，最大値を赤，最小値を青系統の色になるように決めてください。図2.9.1のように，段彩の代わりにハッチングにすると白黒で表現できます。段彩の色やハッチングは，必ず凡例として数値とともに，示してください。

④ 段彩やハッチングが完成したら，1/2.5万の図幅名を記し，図2.9.1 起伏量図（約1kmメッシュ）というタイトルを入れてください。また，区分した起伏量の凡例を必ず入れてください。

⑤ 図2.9.1を見ると，右上に起伏量が最大で436mのメッシュがあり，北西側は起伏量200～300mの地区となっています。芋川流域の起伏量は100～200mとかなり小さくなっていることがわかります。

⑥ 図2.9.1と図2.6.4，図2.11.1，図2.12.1と比較して，地形特性を把握してください。一番起伏量の多い地点は標高681.2mの鳥屋ガ峰が孤立峰として存在することがわかります。北西側の起伏量200～300mの地区は，猿倉岳から三ツ峰山方向に続く尾根の地域であることがわかります。

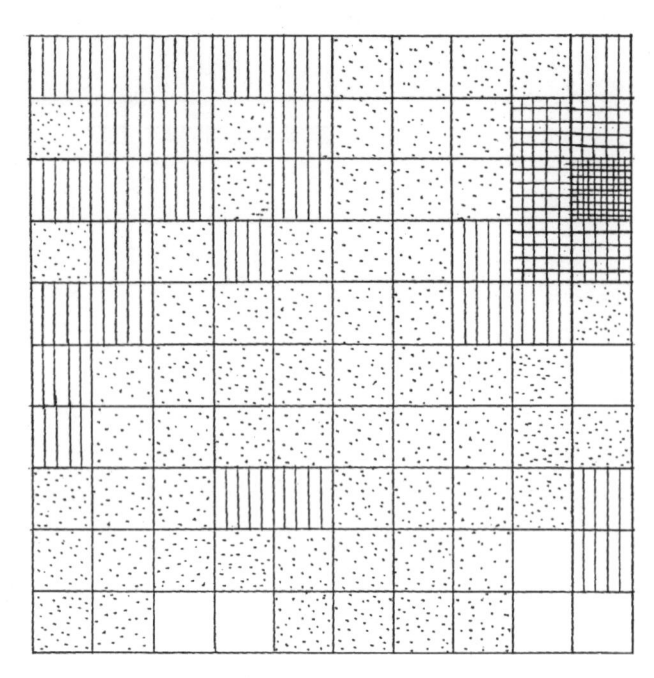

起伏量 m

範囲	ハッチング
400～499	(細かい格子)
300～399	(格子)
200～299	(縦線密)
100～199	(点)
0～99	(白)

図 2.9.1 起伏量図（1/2.5万「小平尾」図幅）

210	240	230	230	250	180	165	170	175	295
170	250	274	176	220	189	175	140	365	356
294	235	221	170	240	155	195	160	345	436
179	255	145	200	175	165	170	210	320	325
275	215	185	172	192	185	162	240	205	165
224	195	145	190	177	170	170	148	130	45
250	165	149	180	196	125	145	131	138	155
185	185	172	235	204	165	140	163	105	227
108	104	165	169	140	170	140	140	55	233
146	146	81	94	130	185	175	135	27	90

表 2.9.1 10等分メッシュによる起伏量
（1/2.5万「小平尾」図幅）

2.10 谷密度図（約 1km メッシュ内の谷数）の作成

① 2.6 項で作成した水系図をもとに，100 分割した範囲（4cm，実際は約 1km メッシュ）の枠内の谷数を数えてください。

② 次数が変われば，谷数を別に数えてください。メッシュ内で収まる谷も，メッシュ枠を超える谷も一つの谷と数えてください。

③ 谷数を数えたら，その数が 1 メッシュごとの谷密度となりますので，図 2.10.1 の一覧図を作成してください。流域界付近で区画の一部分しかないメッシュでは，谷数をその面積で除して，単位面積当たりの谷数とする場合もあります。

④ A4 のメッシュ図に谷密度を書き込んでください。谷密度の最大値と最小値を考え，段彩かハッチングしてください。完成したら，1/2.5 万の図幅名を記し，図 2.10.2 谷密度図（約 1km メッシュ，1km² 当たり）というタイトルと凡例を入れてください。

⑤ 芋川流域では，上流部では谷密度が小さく，下流域の小芋川流域でかなり大きくなっています。答図 1.2 は芋川流域では谷密度が高い地区であったことがわかります。図 2.6.4 に基づく谷密度図は作成していませんので，作成してみてください。

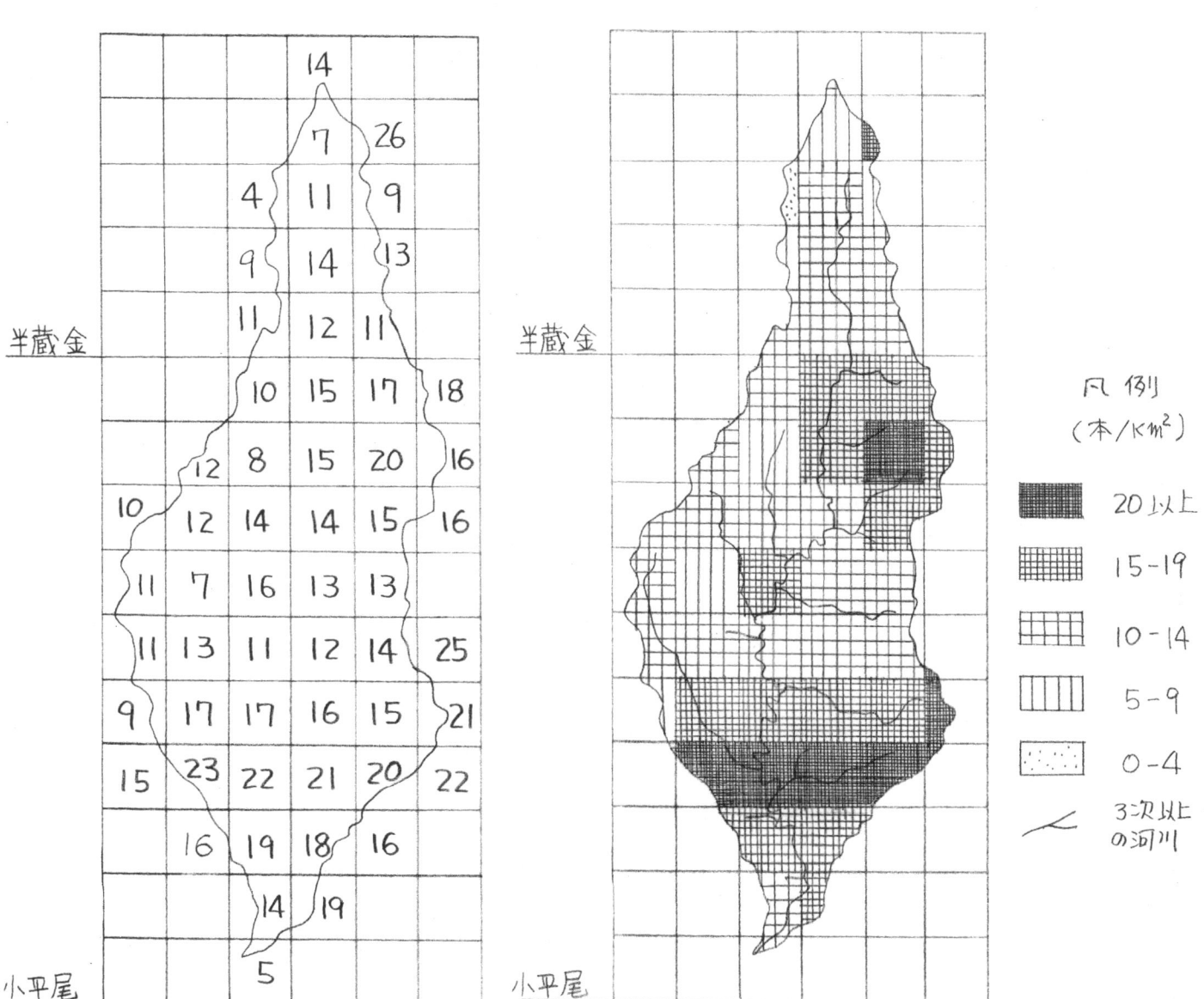

図 2.10.1　10 等分メッシュによる谷数
（1/2.5 万「小平尾」「半蔵金」図幅）

図 2.10.2　谷密度図（1/2.5 万「小平尾」「半蔵金」図幅）

2.11 接峰面図（1kmメッシュ法）の作成

① 図2.8.1を2倍に拡大コピーして2cmメッシュ（全体で20cm）としてください。少し歪みがありますが，1/5万の縮尺となります。

② 100個のデータのバランスを良く見ながら（上下左右の最高点の値を見ながら），高い標高から順(逆でも良い)に等高線を描いてください。描いていくうちに等高線を変更したくなりますので，修正できるように鉛筆で描いてください。

③ 等高線の間隔は，最高点のデータの最大値と最小値の差から判断して決めてください。50mか100m間隔程度が良いでしょう。

④ ほぼ等高線が完成したら，50m間隔ならば200mごとに，100m間隔ならば400mか500mごとに太い等高線（計曲線は赤鉛筆で上からなぞってもよい）を描いてください。

⑤ このような等高線で描かれた図をメッシュ法による接峰面（約1kmメッシュ）と呼びます。最近の河川侵食による谷地形を排除した布団をかぶせたような地形となります。遠方から眺めたスカイラインに似た地形となります

⑥ 完成したら，1/2.5万の図幅名を記し，図2.11.1 接峰面図（1kmメッシュ法）というタイトルを入れてください。

⑦ メッシュ間隔を広げると，さらに大きな地形の概要を読み取ることができます。地形の成り立ちによって，メッシュ間隔を決定する必要があります。実際には成長曲線を数箇所で描いて，メッシュ間隔を決める必要があります。詳しくは渡辺（1961）の成長曲線の項を勉強してください。

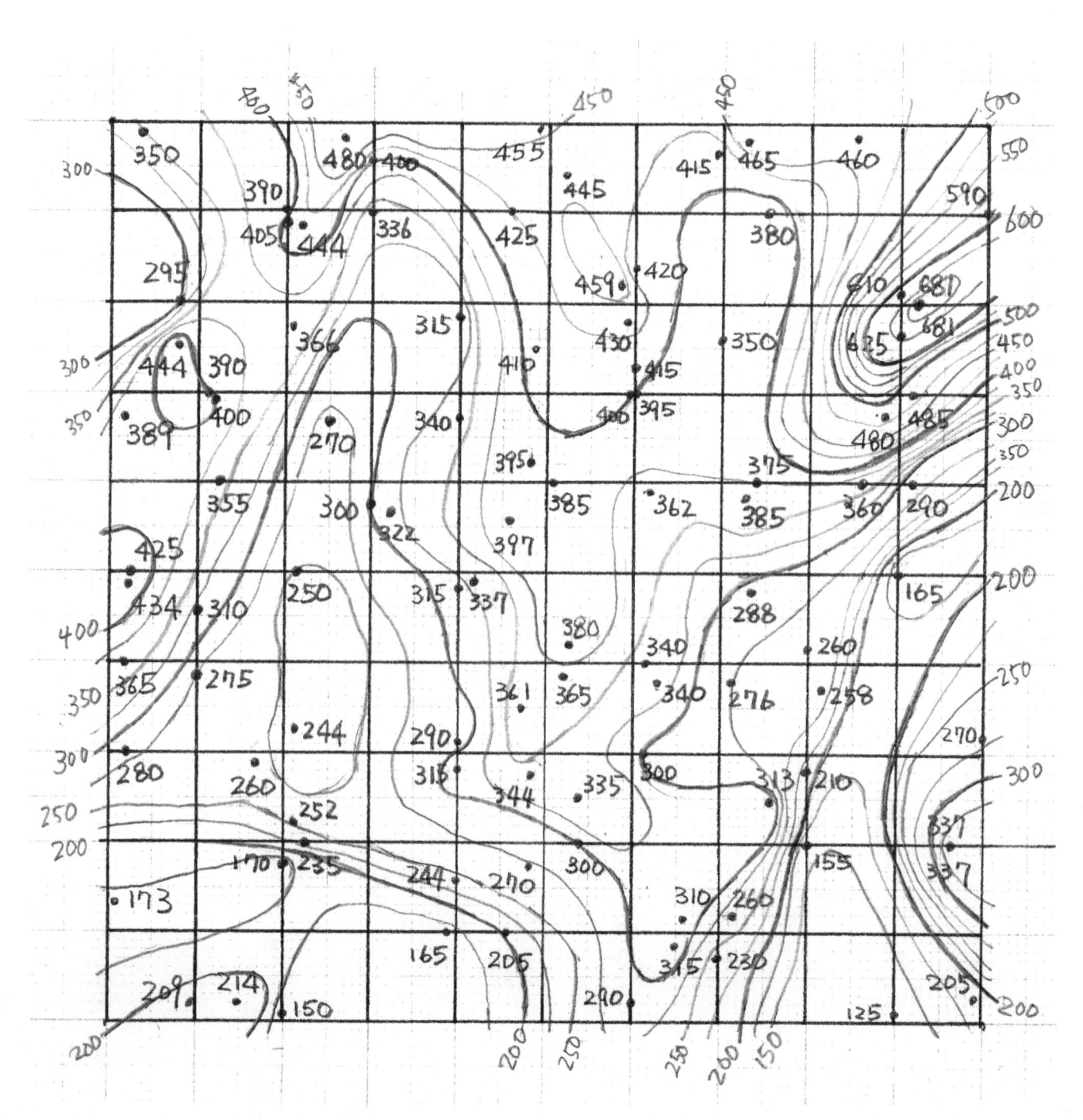

図2.11.1 接峰面図（1kmメッシュ法）1/2.5万「小平尾」図幅より作成

2.12 接峰面図（1km谷埋め法）の作成
→中・上級編の図 5.2，図 12.5，図 18.2，参照

① 今度は地形図そのものを用い，図上で 4cm（実距離 1km）以下の谷を埋めて，等高線を描いてください。慣れないとかなり難しい作業です。

② 等高線の間隔は，50 m か 100 m 間隔程度がよいでしょう。ほぼ等高線が完成したら，50 m 間隔ならば 200 m ごとに，100 m 間隔ならば 400 m か 500 m ごとに太い等高線（計曲線は赤鉛筆で上からなぞってもよい）を描いてください。このような等高線で描かれた図を谷埋め法による接峰面（1km 谷埋め）と呼びます。答図 1.5 には背景の地形図がありますので，谷埋めのやり方がわかると思います。

③ 地形図に直接，接峰面の等高線を描きますので，どのような谷が消去されたかがわかります。また，作業しながら地名や地形特性を詳細に読むことができます。

④ 完成したら，1/2.5 万の図幅名を記し，図 2.12.1 接峰面図（1km 谷埋め法）というタイトルを入れてください。この図では，東山丘陵全体の地形がわかるように広い範囲の接峰面を作成し，主な地名と水系，向斜軸と背斜軸などを追記してあります。

⑤ 接峰面と水系との関係から判断して，河川争奪が想定される地点を×印で示しました。河川争奪の時期と土砂移動の活発化の関係がわかると面白いのですが。

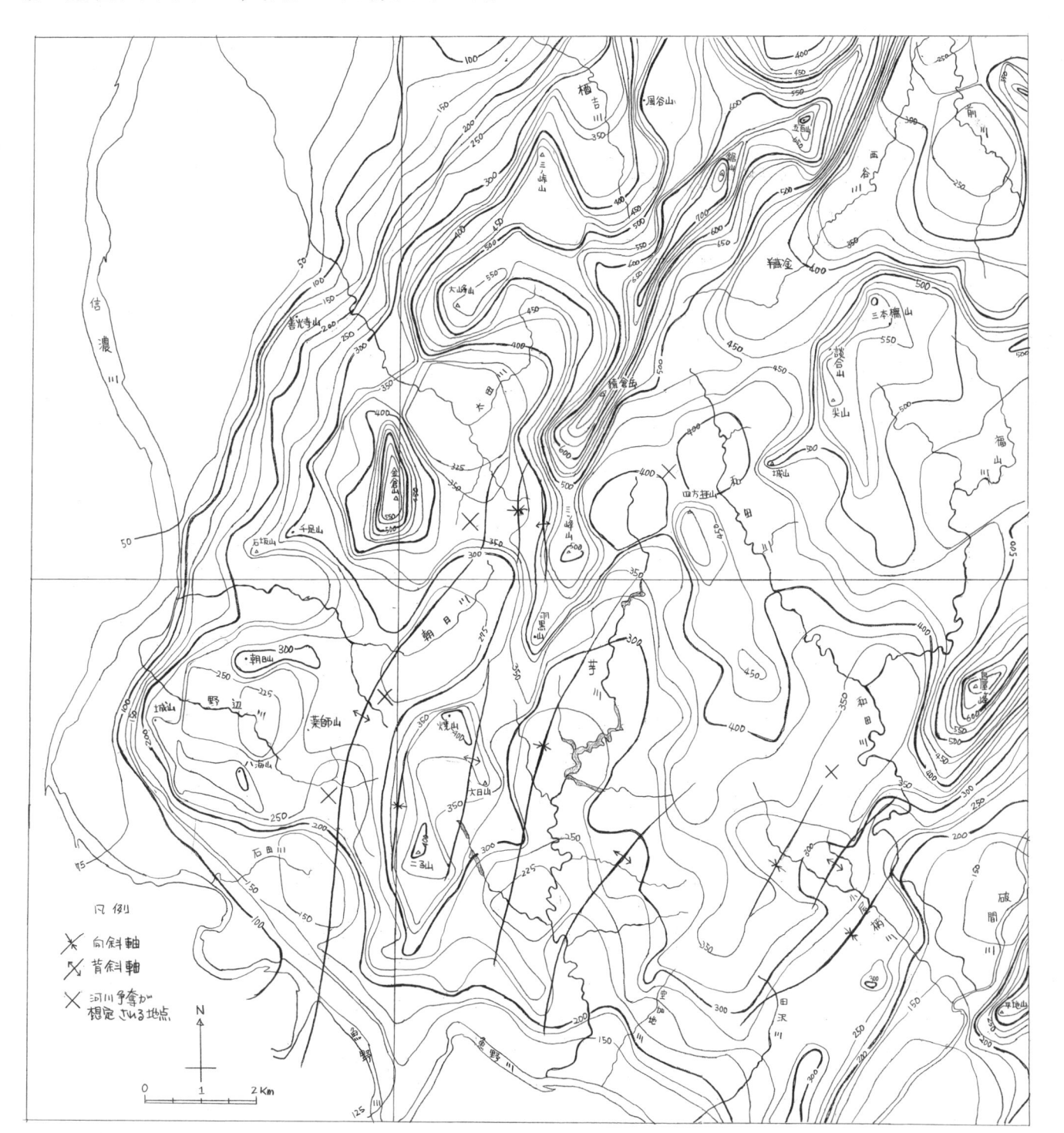

図 2.12.1 接峰面図（1km 谷埋め法）（1/2.5 万「小平尾」，「半蔵金」，「小千谷」，「片貝」の新図幅）

図 2.13.1 2004年新潟県中越地震土砂災害状況写真と位置図
((社) 砂防学会新潟県中越地震土砂災害調査団 (井上撮影, 2004年11月20日, 24-27日)

山古志村東竹沢地区の河道閉塞

2.13 新潟県中越地震による土砂移動の判読事例（大八木，2005による）

　新潟県中越地震では，震源に近かった東山丘陵を中心に多くの大規模な地すべりや土石流が発生しました。財団法人深田地質研究所の大八木規夫理事は，Fukadaken News に 2000 年から連載している「地すべり地形の判読」（①〜⑱）の中で詳細な写真判読の事例を紹介しています。

　図 2.13.1 は，社団法人砂防学会新潟県中越地震土砂災害調査団（川辺・他，2005，砂防学会誌）の一員として，現地調査した時に寺野，東田沢，大日山（塩谷東部）の土砂移動の状況を撮影したものです。

　本項では，その中でも大規模な地すべりであった寺野地区，東竹沢地区，大日山地すべりについて，地震前後の航空写真を立体視できるように配置しました。使用した写真は，航空写真 2.13.1 〜 2.13.6 に示してあります。裸眼で立体視するためには，立体視可能な範囲の間隔を両目の間隔（7cm 程度）にする必要があるため，多少縮小してあります。左右は立体視できるように切断してありますが，上下方向は全部掲載しました。左右の写真の中心点を結んで，合わせてありますので，裸眼でも立体視できると思います。どうしても裸眼で立体視できなければ，実体鏡を使用してください。これらの写真が立体視できるようになったら，自分の興味のある地域の航空写真を購入して，立体写真を作成してください。

　問題の地形図－1 〜 3 や裏表紙の「新潟県中越地震対応版」の地形図と航空写真を比較判読してください。中越地震前後でどんな地形変化があったのか，赤ペンなどで地すべりブロックや崩壊などの地形変化を判読して，図 2.13.2 の凡例に従い，航空写真や地形図に書き込んでください。この判読作業はかなり高度な地形判読力が必要です。

　本項では，大八木（2005a,b,c）の詳細な判読結果を挿入させていただきました。大八木博士が判読された範囲は各航空写真で赤い四角で囲った範囲です。

　図 2.13.2 と図 2.13.3 は，防災科学研究所で発行している『地すべり地形分布図』（1982 年より順次刊行）で使われている地すべり地形輪郭構造各部の記号の凡例（大八木，2000）です。これらの記号は地すべり地形の実形，開析程度，新旧の表現を容易にしています。地すべり地形の判読の最初は，滑落崖と側方崖，移動体の輪郭の識別から始めます。

　① 地すべり移動体頭部の背後にある頭部滑落崖は，形成直後は非常にシャープであり，河川侵食による開析谷が入っていません。このような崖の場合には，滑落崖の肩部を太い実線で示します（側方部も同様です）。そして，崖線を示す太い実線から移動体の方向へ向いたケバで図示します。斜面下方の移動体はケバのない破線で示します。

　②地すべり地形はしばらくすると，次第に開析谷が形成されるようになります。さらに開析が進むと，滑落崖や側方崖は断続的となりますので，破線で表現します。

　③ さらに開析が進むと，滑落崖や側方崖は丸みを帯びてきます。このような場合には，1 点鎖線にケバを付けて表現します。

　地すべり地は単独で存在することは少なく，重なり合って発生することが多くあります。このため，図 2.13.3 に示したように，隣接する地すべり地形の相互関係から，地

輪郭構造
滑落崖と側方崖

- 新鮮なまたは開析されていない冠頂をもつ滑落崖
- 部分的に開析されている冠頂をもつ滑落崖
- 冠頂が著しく開析された滑落崖
- 冠頂が丸味をおびて不明瞭になった滑落崖
- 開析されて無くなってしまった冠頂・滑落崖の推定復元位置
- 共通の冠頂をもち、互いに反対方向を向く滑落崖
- 中・緩斜の流れ盤すべり面が地表に露出し、滑落崖にあたる急崖を呈しない斜面、冠頂は尾根の反対側斜面とすべり面との交線である。
- 後方崖、多重稜線等

移動体の輪郭・境界

- 後方に滑落崖があり、移動体の輪郭が明瞭ないし判定可能
- 後方の滑落崖は明瞭であるが、移動体の輪郭の判定が困難
- 滑落崖はほとんど開析されてしまったが過去の移動体の一部（不安定土塊）が残存している
- ほかの移動体や堆積物におおわれた部分
- 斜面体の移動の初期状態、基岩から分離していないとしても不安定域・移動域と推定される範囲
- 斜面移動体かどうか判定できない山体・小丘
- 脚部線・削剥域下限

図 2.13.2　地すべり地形の地表面輪郭構造の記号の凡例
（大八木，2000）

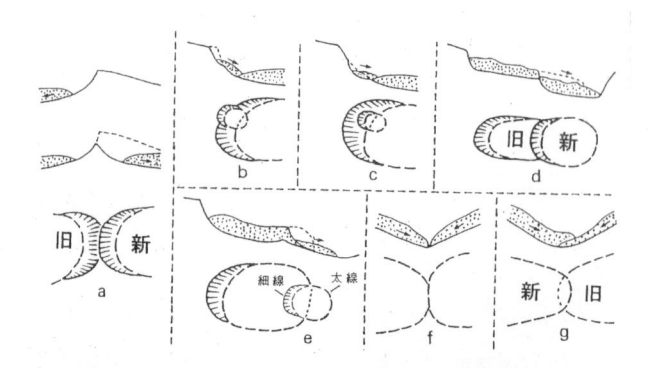

図 2.13.3　隣接する地すべり地形の相互関係と図示方法
（大八木，2000）

すべり発生の前後関係を読み取ることができます。東山丘陵には多くの地すべり地形が存在し，中越地震では古い地すべり地形を切って，多くの地すべりや土砂移動が発生しました。これらの地形変化の前後関係を読み取ってください。

(1) 寺野地区の地すべりと天然ダム

　航空写真 2.13.1 は，国土地理院が昭和 50 年（1975）10 月 16 日に撮影した 1/8000 のカラー空中写真（CCB-75-11）で多少縮小してあります。立体視可能なように，C31 の 60 と 61 の 2 枚の写真を張り合わせてあります。中央部に赤い線が見えますが，左右の写真の中心を移写して結んだ線分で，この線分が一直線になるように並べると立体視できるようなります。また，多少縮小して，左右の画像の間隔が両眼の目の間隔（7cm）になるように調整してあります。裸眼立体視をして，地すべり地形や棚田のきれいな画像を見てください。

　航空写真の上下の縁取りの黒帯が斜めになっていますが，これは飛行コースに対して飛行機の向きが傾いているためです。中心線を結んだ線分を一致させれば，立体視することができます。棚田や養鯉池の分布を 1/2.5 万地形図と比較してください。道路が大きく蛇行しながら登っていますが，どんな地形なのでしょうか。

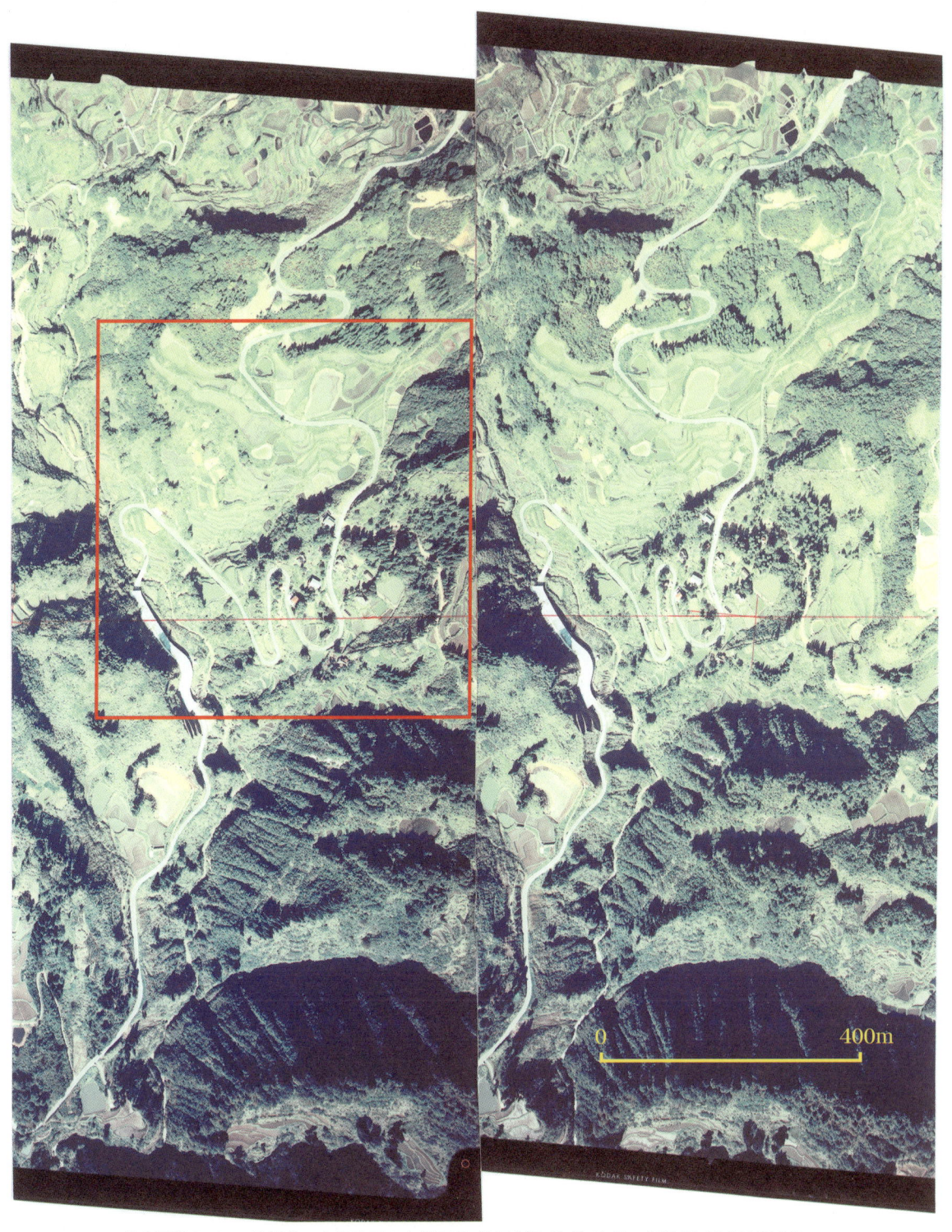

航空写真 2.13.1　地震前の寺野地区の立体写真（1975 年 10 月 16 日，CCB-75-11,C31-60,61）

航空写真 2.13.2 は，国土地理院が平成 16 年（2004）10 月 26 日（地震の 4 日後）に撮影した 1/12,000 のカラー空中写真（CCB-2004-1）で多少縮小してあります。立体視可能なように，C23 の 0966 と 0967 の 2 枚の写真を張り合わせてあります。航空写真 2.13.1 と比較する時には，飛行コースが 30 度ずれていますので，注意してください。

寺野地区で大きな地すべりが発生し，河道が閉塞されている状況がわかると思います。地震から 4 日経っているため，背後に湛水がかなり進んでいます。対岸を通っていた県道の雪崩覆工がほぼ完全に押し潰されています。

地震前に存在した蛇行道路は完全に消滅しています。

今回土砂移動した範囲は地震前の地すべりブロックの一部であることがわかります。その他の地区にも多くの崩壊や地すべり現象が発生しているのが，読み取れると思います。

図 2.13.4 の（a）は大八木（2005a）が判読した寺野地すべりの災害後の判読図で，（b）は災害前の判読図です。航空写真 2.13.1 と 2.13.2 を立体視しながら，大八木博士の判読図と比較検証してください。

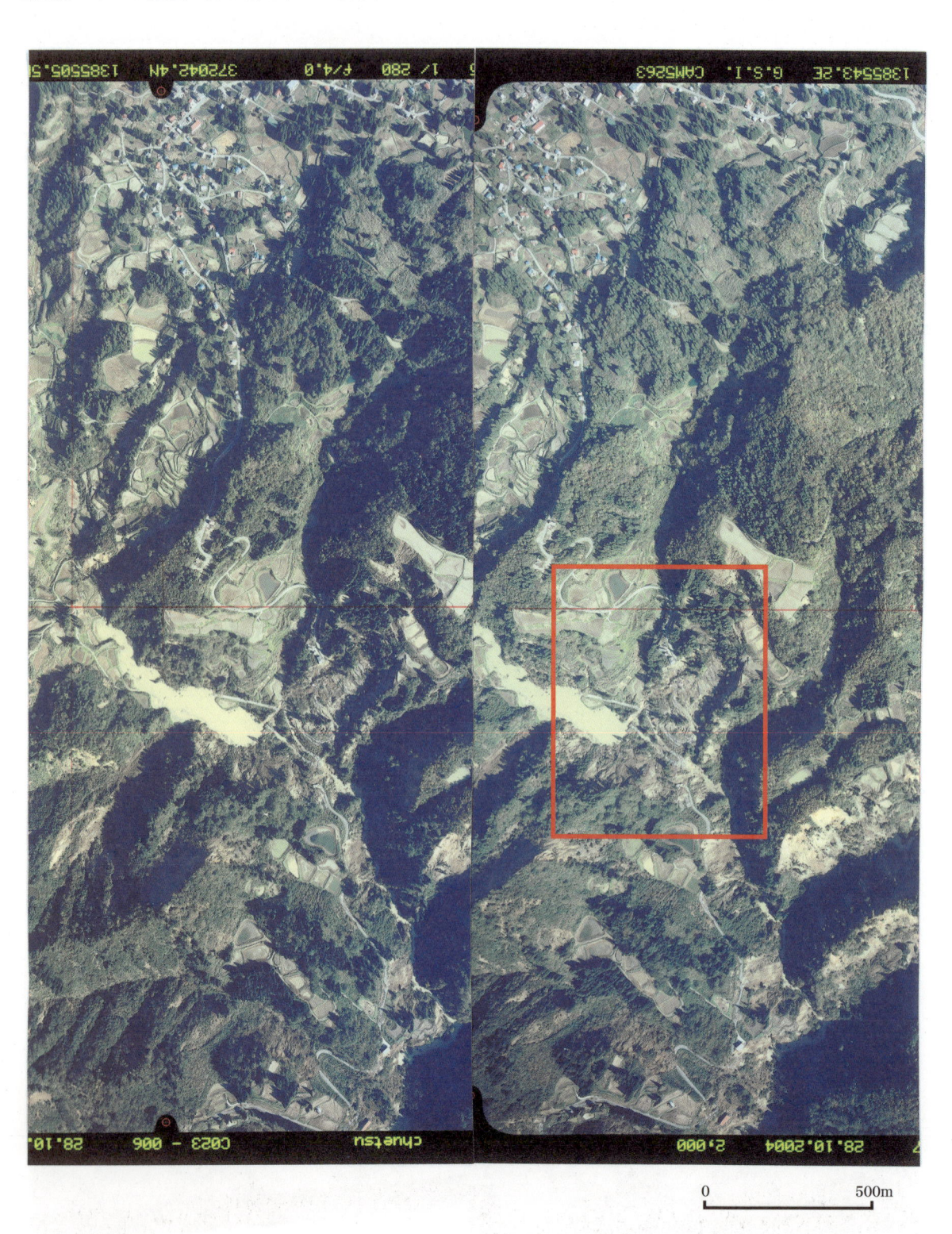

航空写真 2.13.2　地震後の寺野地区の立体写真（2004 年 10 月 28 日，CCB-2004-1, C23, 0966, 0967）

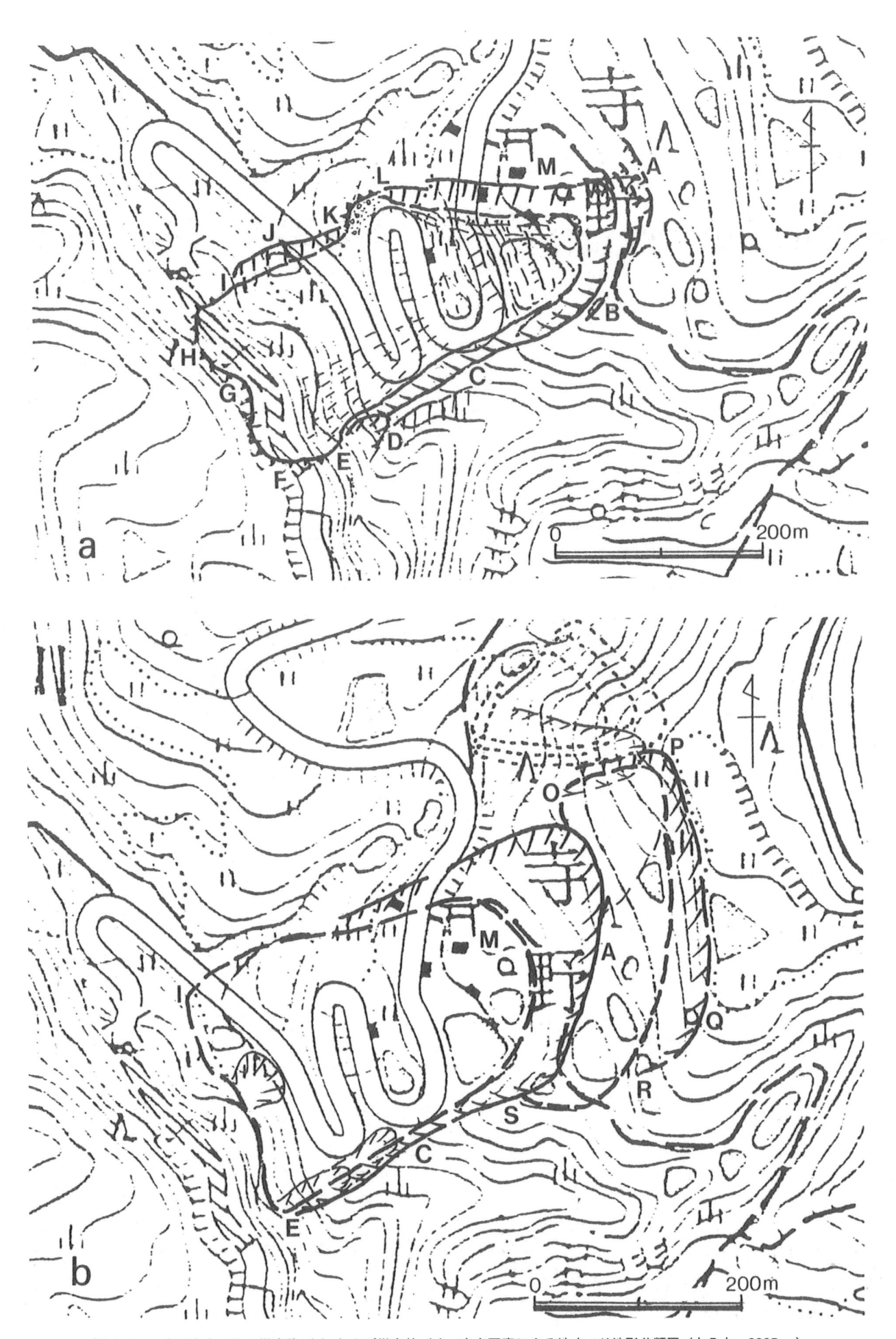

図 2.13.4 寺野地すべりの災害後 (a) および災害前 (b), 空中写真による地すべり地形分類図 (大八木, 2005 a)

(2) 東竹沢地区の地すべりと天然ダム

航空写真 2.13.3 は，国土地理院が昭和 51 年（1976）11 月 2 日に撮影した 1/10,000 のカラー空中写真（CCB-76-3）で 80％に縮小してあります。立体視可能なように，C3 の 34 と 35 の 2 枚の写真を張り合わせてあります。CCB-76-3 の標定図は，図 2.2.3 に示してあります。

航空写真 2.13.4 は，国土地理院が平成 16 年（2004）10 月 28 日（地震の 5 日後）に撮影した 1/12,000 のカラー空中写真（CCB-2004-1）で多少縮小してあります。立体視可能なように，C3 の 34 と 35 の 2 枚の写真を張り合わせてあります。CCB-2004-1 の標定図は，図 2.2.4 に示してあります。

この地区は，地すべりによる河道閉塞により，もっとも大きな天然ダムが形成された地区ですが，撮影が地震の 5 日後であるため，まだ湛水域はほとんど拡がっていません。芋川の右岸側には旧東竹沢小学校の体育館があります。

航空写真 2.13.3　地震前の東竹沢地区の立体写真（1976 年 11 月 02 日，CCB-76-3,C3-34,35）

東竹沢の図2.13.5の(a)は大八木(2005b)が判読した東竹沢地すべりの災害後の判読図で，(b)は災害前の判読図です。航空写真2.13.3と2.13.4を立体視しながら，大八木博士の判読図と比較検証してください。大規模な地すべりが発生して対岸にぶつかり，河道閉塞している状況がよくわかると思います。地すべり土塊は対岸にぶつかりましたが，樹木は立ったままであることがわかります。その後，上流部にしだいに湛水するようになりました。しかし，天然ダムの規模が大きいため，湛水はあまり進んでおらず（上流の寺野の天然ダムに湛水して下流には流れてこない），国道291号の宇賀地橋がよく見えると思います。社団法人砂防学会の新潟県中越地震土砂災害調査団で筆者が撮影した2004年11月24-27日の現地調査時の写真と比較してください（図2.13.1）。

東竹沢地すべりの西側には，中越地震発生時には廃校となっていた東竹沢小学校の体育館があります（図2.13.2）。現在は天然ダム対策工事の進捗によって撤去されました。

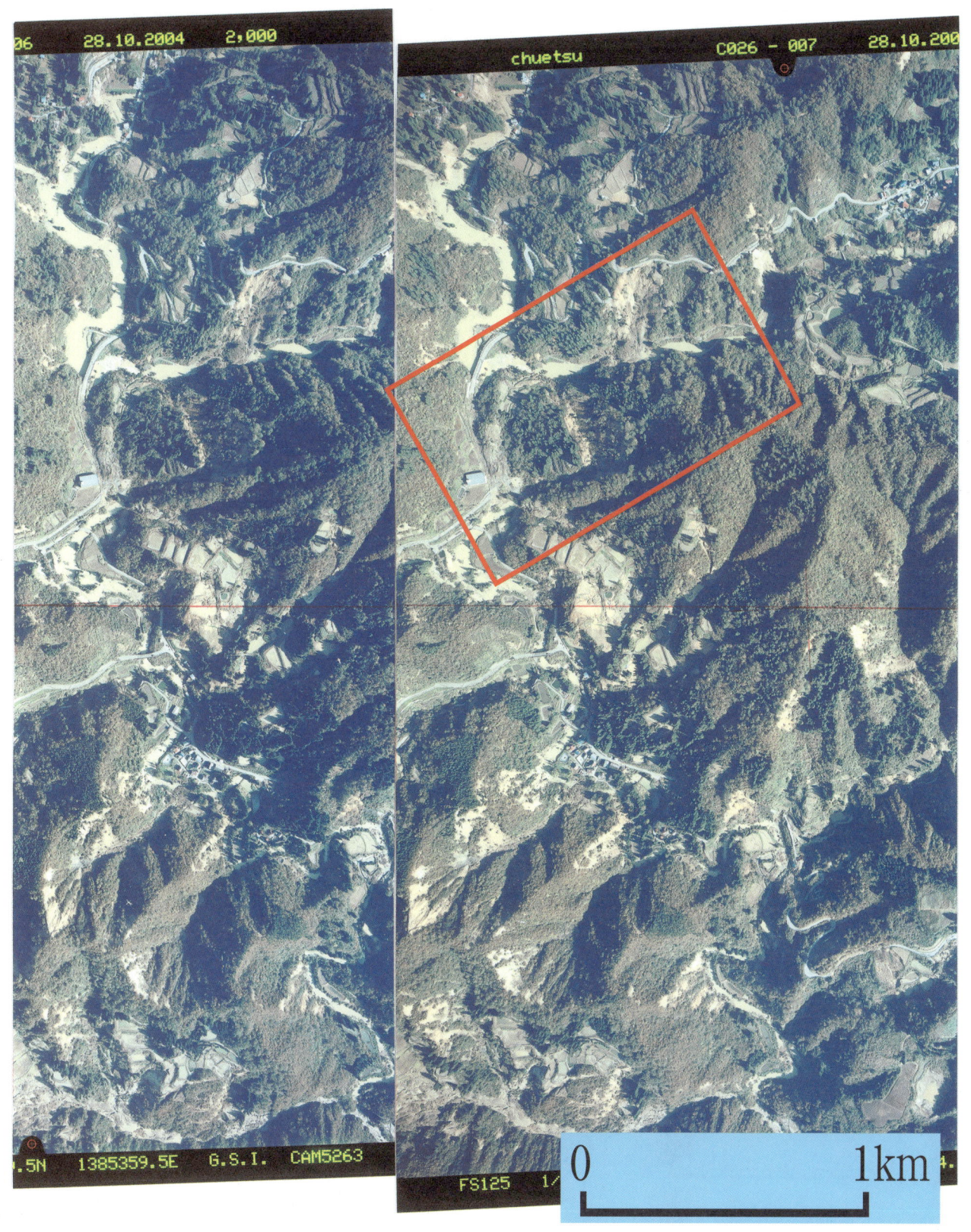

航空写真2.13.4　地震後の東竹沢地区の立体写真（2004年10月28日，C26, 0916, 0917）

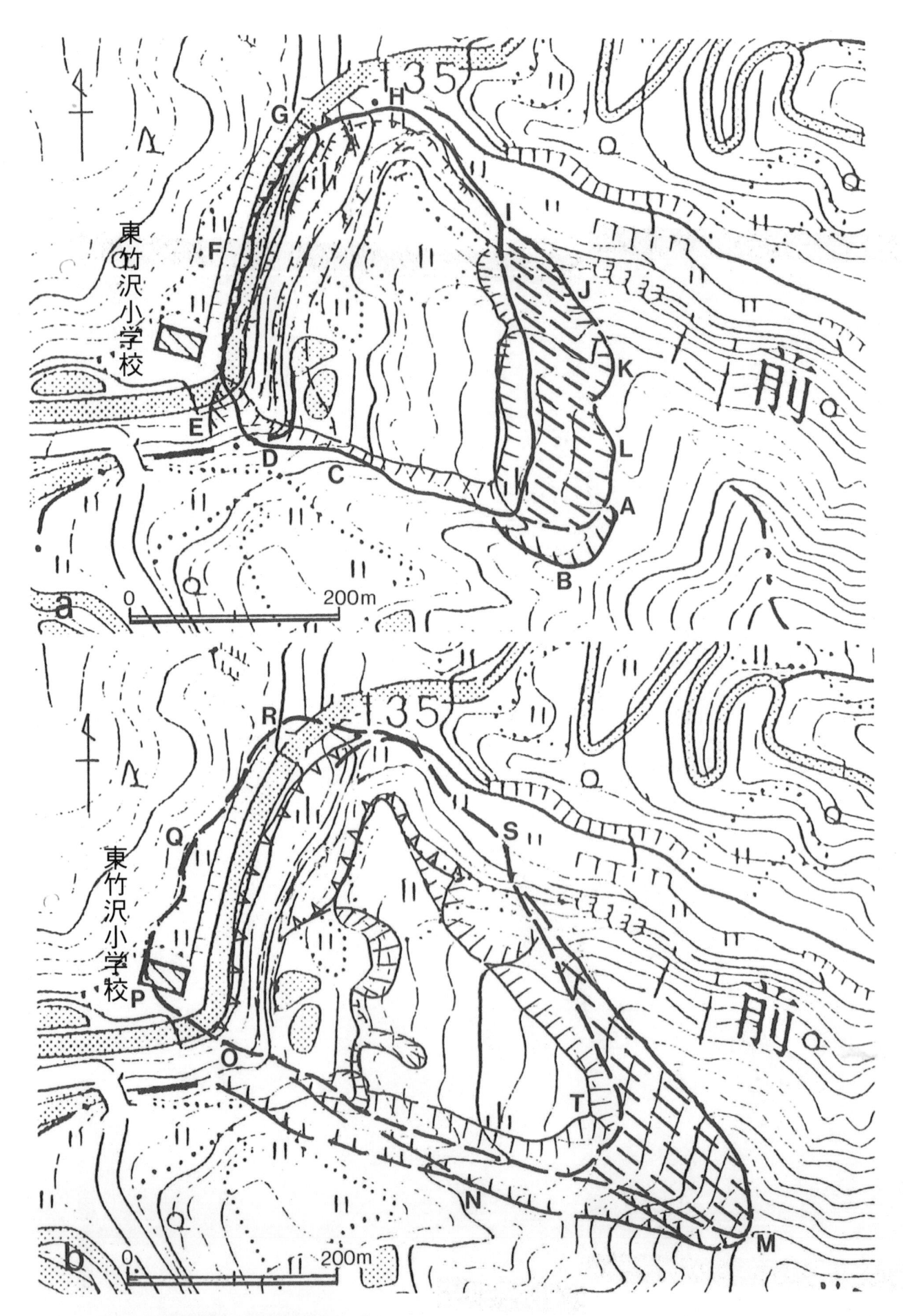

図 2.13.5　東竹沢地すべりの災害後（a）および災害前（b），空中写真による地すべり地形分類図（大八木，2005 a）

(3) 大日山の巨大地すべり

　小千谷市の大日山付近で，新潟県中越地震では最も大規模な地すべりが発生しました。航空写真2.13.5は，国土地理院が昭和51年（1976）11月2日に撮影した1/10,000のカラー空中写真（CCB-76-3）で75％に縮小してあります。立体視可能なように，C3の32，33と34の3枚の写真を張り合わせてあります。CCB-76-3の標定図は，図2.2.3に示してあります。

　航空写真2.13.6は，国土地理院が平成16年（2004）10月26日（地震の4日後）に撮影した1/12,000のカラー空中写真（CCB-2004-1）で80％に縮小してあります。立体視可能なように，C3の0917，0918と0919の3枚の写真を張り合わせてあります。CCB-2004-1の標定図は，図2.2.4に示してあります。

　図2.13.6の（a）は大八木（2005b）が判読した大日山地すべりの災害後の判読図で，（b）は災害前の判読図です。航空写真2.13.5と2.13.6を立体視しながら，大八木博士の判読図と比較検証してください。表紙の写真は社団法人砂防学会の新潟県中越地震土砂災害調査団で井上が撮影した2004年11月27日の現地調査時の写真です。

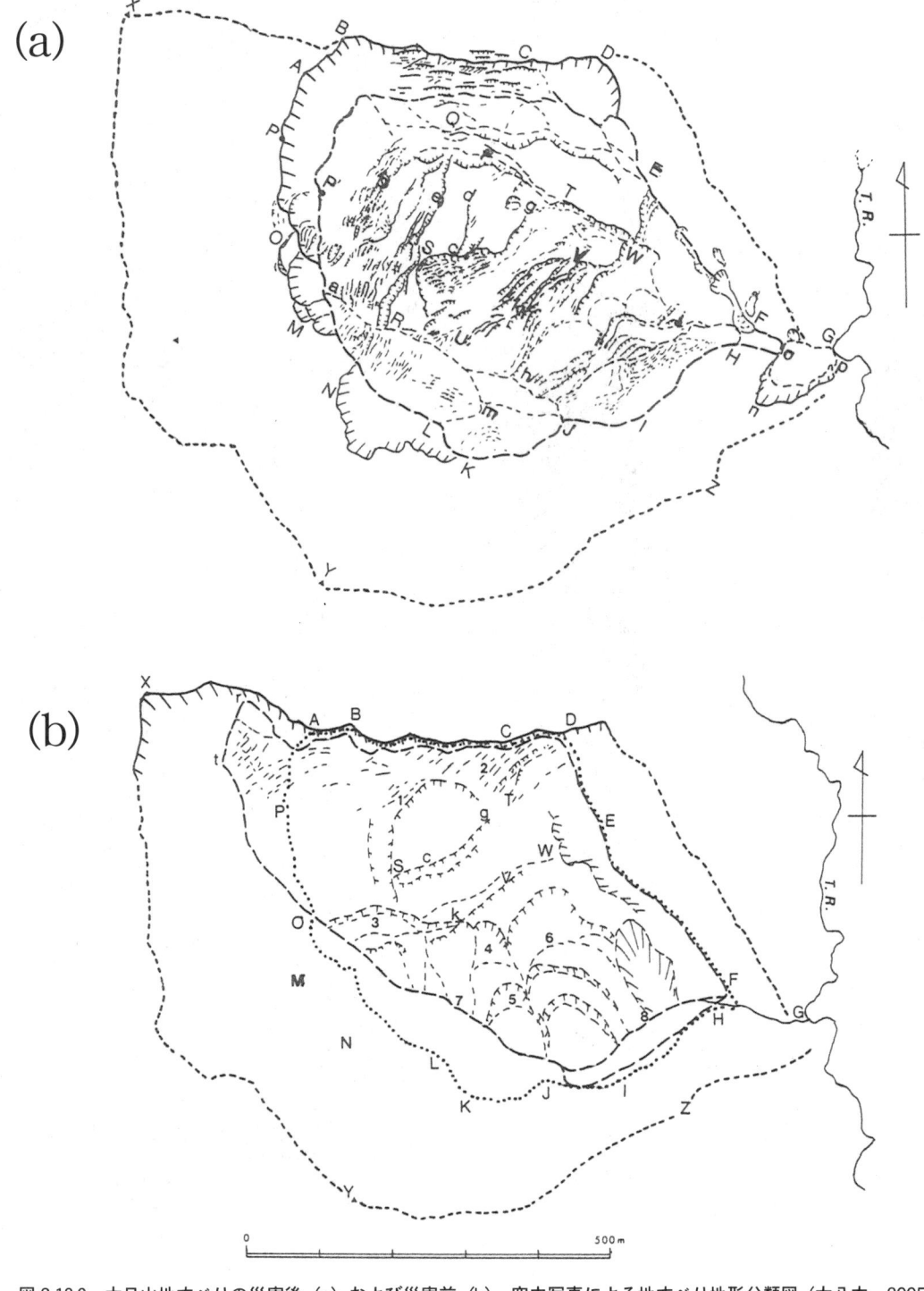

図2.13.6　大日山地すべりの災害後（a）および災害前（b），空中写真による地すべり地形分類図（大八木，2005b）

航空写真 2.13.5 地震前の大日山地区の立体写真（1976 年 11 月 02 日，CCB-76-3,C3-32,33,34）

航空写真 2.13.6　地震後の大日山地区の立体写真（2004年10月28日，CCB-2004-1，C26，0917,0918,0919）

3 主題図から地形情報を読み取る

　これからは，プロが作成した主題図などを比較しながら読図し，地形情報を読み取る方法を説明します。

3.1 中越地震前の地すべり地形分布図
　→中・上級編の図 1.2，図 3.2，図 4.2，図 5.3, 5.4，図 7.2，図 10.9，図 11.4，図 12.8，図 17.3，図 19.1，図 19.3 参照

　2004 年 10 月 24 日の新潟県中越地震以後，驚くほど沢山の地形・地質に関する判読解析図が論文やインターネットで公表されています。図 3.1.1 は，防災科学技術研究所（2004）が地震前に写真判読によって作成した地すべり分布図です。ここには新潟県中越地震の本震（M6.8）の位置と湯沢砂防事務所（2005）が地震直後に判読した地すべりと崩壊地を追記してあります。

図 3.1.1　新潟県中越地震前の地すべり地形分布（防災科学研究所，2004）と地震後の地すべり・崩壊分布（湯沢砂防事務所，2005）の比較

3.2 中越地震後の崩壊地・地すべり分布図

斜面を構成している物質は常に重力の作用を受けていますが、普段は安定していてほとんど動きません。しかし、豪雨や地震を受けると不安定化し、斜面下方に急激に移動して、安定した状態で停止します。このような土砂移動現象で形成された地形を崩壊・地すべりと呼んでいます。日本では、比較的移動速度が速く地表面の形態をとどめない土砂移動を崩壊と呼び、移動速度が遅く地表面の形状をかなり残している現象を地すべり（狭義の地すべり、大八木、2004a、b）と呼ぶことが多いようです。かなり規模の大きな崩壊地であれば、地形図に崩壊地（ケバや崖によって囲まれた）として表現されています。地すべり地は等高線の乱れによって、頭部滑落崖と押し出し地形を識別できます。土砂災害の直後に撮影された航空写真を判読すると、土砂移動の激しい地区は植生が剥がされ、白くなっているので識別が可能です。災害前の航空写真と比較判読することによって、どこが土砂移動して地形変化を引き起こしたかがわかります。

これらの地形を抽出した図を崩壊地・地すべり地分布図（土砂災害分布図）と呼びます。独立行政法人防災科学研究所（2004）では、1/2.5万の地すべり分布図（図3.1.1）を作成しています。また、豪雨や地震災害の後には、多くの機関で土砂災害分布図（崩壊地・地すべり地分布図）を作成しています。一例として、国土地理院が作成した新潟県中越地震災害状況図（図3.2.1、10月28日撮影写真による）を示します。これらの土砂移動現象の抽出には、航空写真の判読が必要です。上記の図の凡例などを参考にしながら、読図作業をしている図幅の航空写真（2.13.1～2.13.6の赤枠以外の地域を判読してください）を入手し、崩壊地・地すべり地分布図を作成してみましょう。

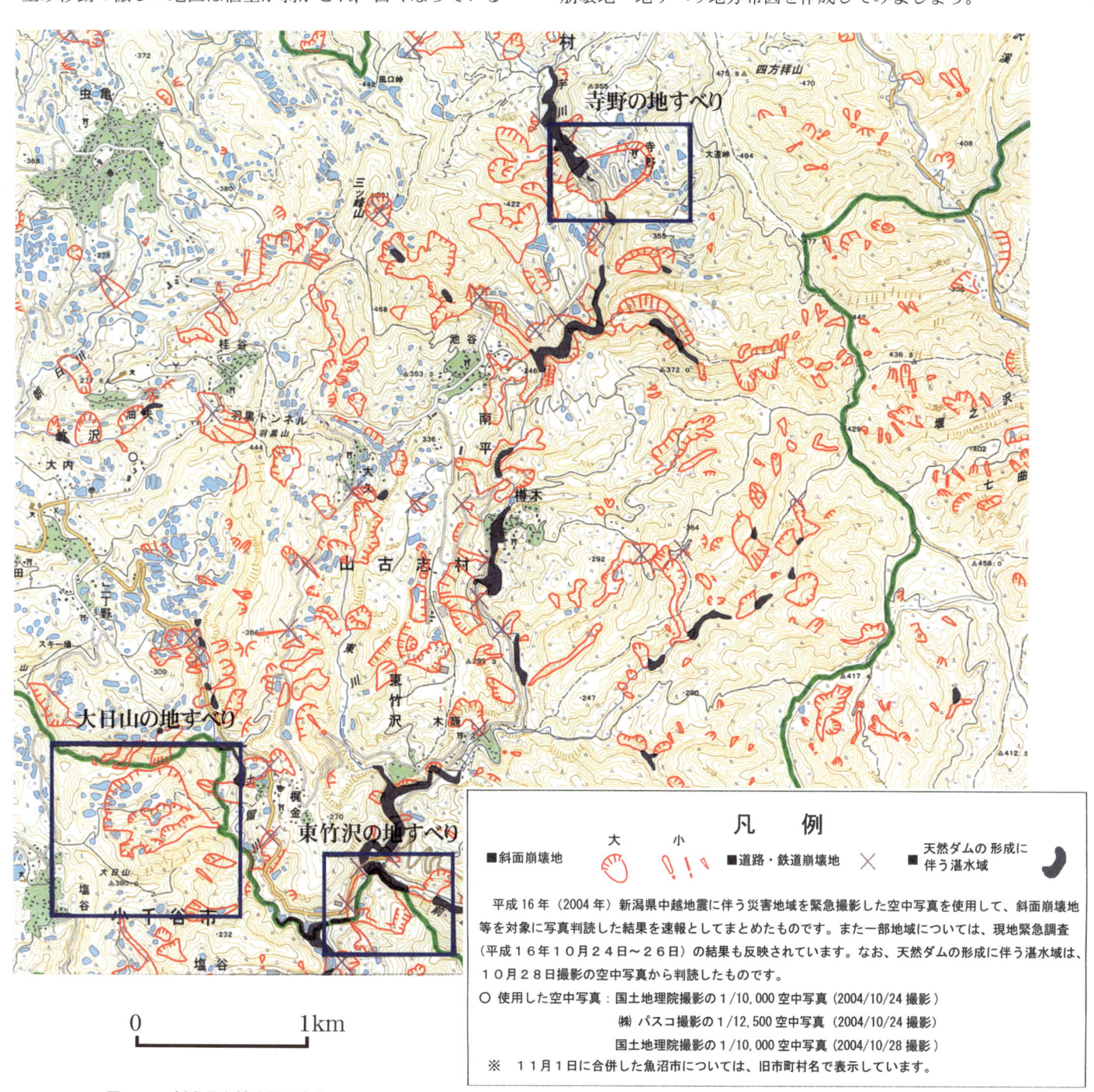

図3.2.1 新潟県中越地震災害状況図（10月28日撮影、国土地理院、2004年11月01日作成）

3.3 中越地震による土砂移動面積率

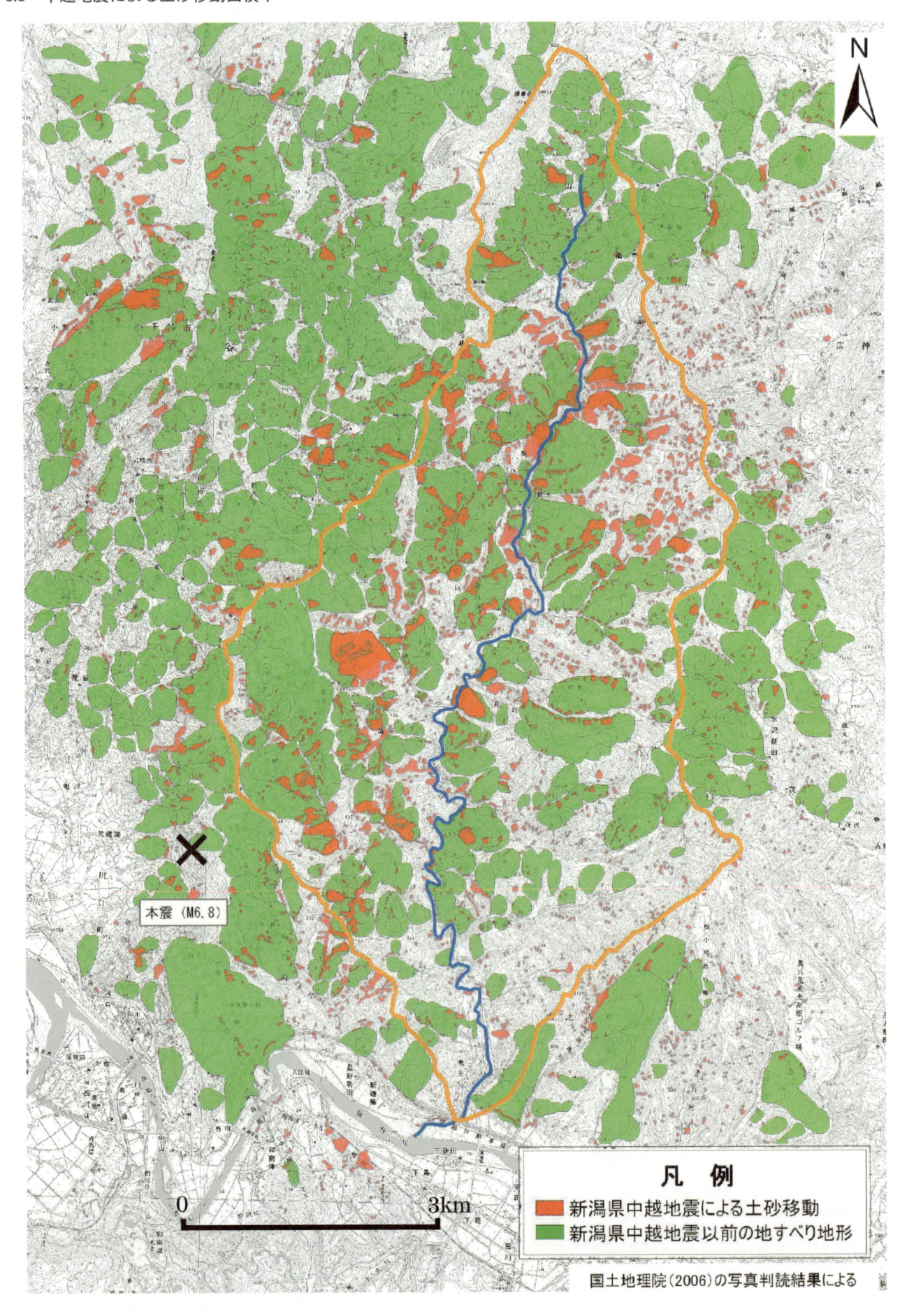

図 3.3.1　山古志地区の 1/25,000 災害状況図（『地形分類及び災害情報』，2006 より編集）

国土地理院は 2006 年 1 月 5 日に『平成 16 年新潟県中越地震　1:25,000 災害状況図（カラー段彩図及び災害情報）』と『同（地形分類及び災害情報）』を「山古志」、「小千谷」、「十日町」の 3 図幅, 計 6 枚を発売しました。図 2.2.1 と図 2.2.2 はその一部を示しています。図 3.3.1 は『(地形分類及び災害情報)』をもとに新潟県中越地震前の地すべり分布と地震災害後の土砂移動状況を抽出したものです。図 3.3.2 は 1 × 1 km メッシュごとに地震前の地すべり地形（右斜めハッチ）との地震災害後の土砂移動状況（左斜めハッチ）を面積率としてハッチングしたものです。

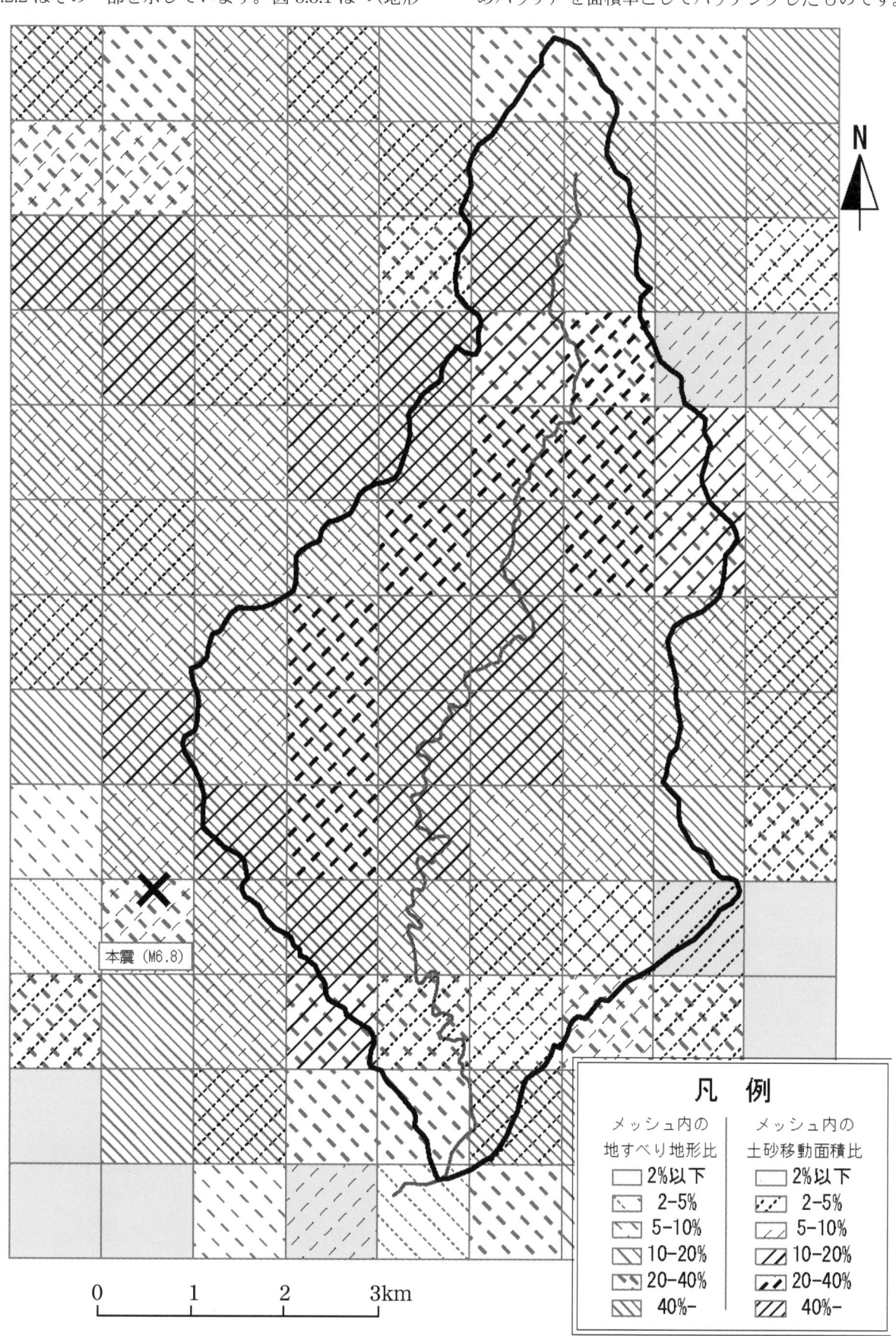

図 3.3.2　地震前の地すべり地形と災害後の土砂移動面積率

3.4 河成段丘の判読・分布図の作成

地形図や航空写真を読みなれてくると，海成段丘や河成段丘などの一連の平坦面を区別できるようになります。

これらの分布図の作成には，既存の地質図や文献による知識が必要です。また，現地で段丘面の堆積状況やその上に載るテフラ（降下火山灰），土壌層の厚さに関する情報が必要です。形成時期の判明した段丘面の高度を河床縦断面図に投影すると，その当時の河床の高さや河床勾配がわかります。

ここでは，田中（2000）の河成段丘分布図を紹介します。答図 1.7.3 は金（2004）の河成段丘分類基準をもとに作成したものです。表 1.1 と表 3.4.2 は信濃川中流付近の地形分類の町田・池田（1969），信濃川段丘研究グループ（1971），早津・新井（1981），田中（2000），金（2004）の地形面分類の基準を比較表としたものです。

表 3.4.1 十日町盆地に分布する示標火山灰一覧（田中, 2000）

火山灰層名	略記号	推定噴出年代（万年前）	参考文献
草津黄色軽石層	Ypk	約1～1.1	早津（1995）
姶良Tn火山灰層	AT	約2.1～2.5	町田・新井（1975, 1992）ほか
貝坂スコリア層	KS	約3	早津・新井（1980）
大山倉吉軽石層	DKP	約5～5.2	中村ほか（1992）
堂平軽石層	DH	約6	早津・新井（1981）
城原軽石層	JH		早津・新井（1981）
赤沢スコリア層	AS	約10	早津・新井（1981）
相吉軽石層	AY(a,b)		早津・新井（1981）
中子軽石層	NG	約13～15	早津・新井（1980）
朴の木坂スコリア層	HK	約14～17	早津（1995）
米原軽石層	MG(a～m)		早津・新井（1981）
美穂軽石層	MH(a,b)	約30	早津・新井（1981）
谷上スコリア層	TN		早津・新井（1981）

図 3.4.1 信濃川中流付近の河成段丘区分図（田中, 2000）

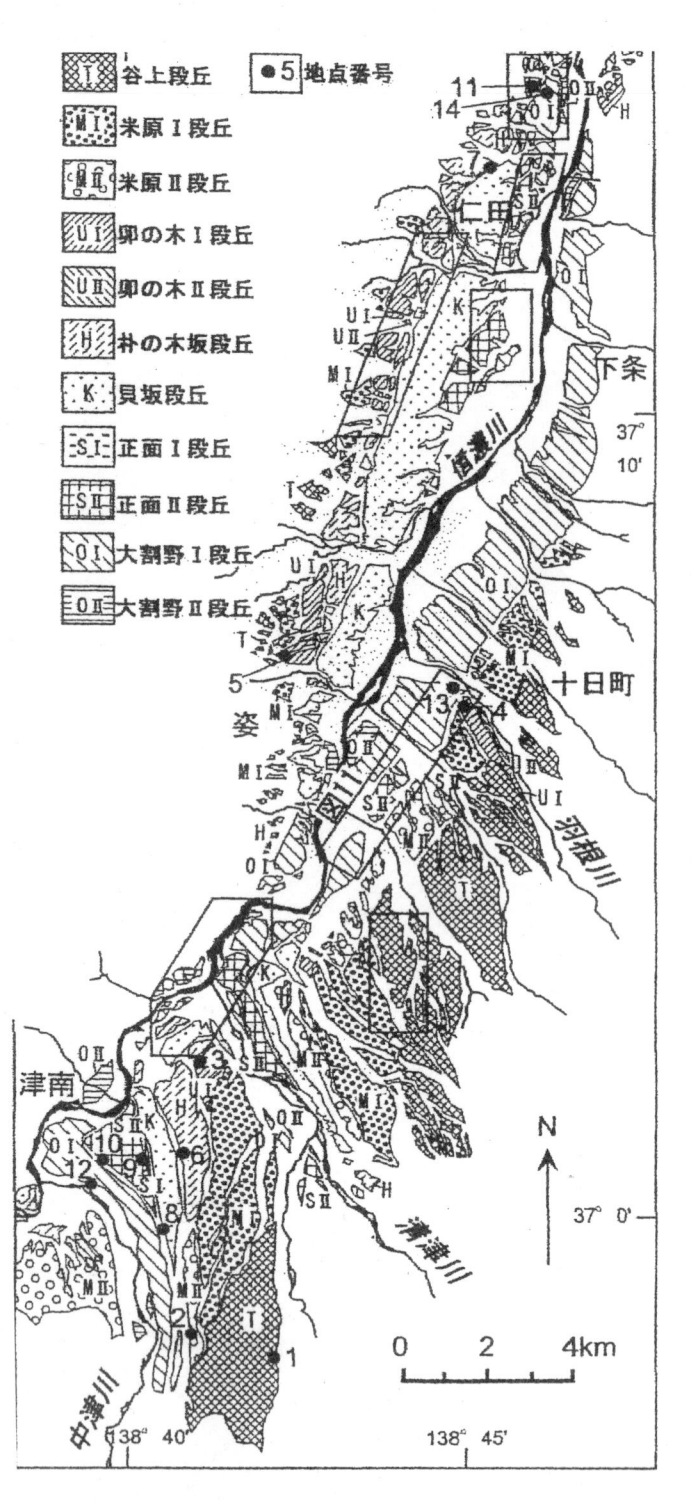

表 3.4.2 信濃川中流付近の河成段丘の地形面区分と対比（田中, 2000）

町田・池田（1969）	信濃川段丘研究グループ（1971）		早津・新井（1981）	本研究	段丘面を覆う主な火山灰層
十日町盆地全域	津南地域	十日町地域	津南地域	十日町盆地全域	
第9段丘面	大割野Ⅱ面	根深面	大割野Ⅱ面	大割野Ⅱ段丘	
第7・8段丘面（大割野面）	大割野Ⅰ面	石名坂面	大割野Ⅰ面	大割野Ⅰ段丘	
第6段丘面（正面面）	正面面	下原Ⅱ面	正面Ⅱ面	正面Ⅱ段丘	―AT
		下原Ⅰ面	正面Ⅰ面	正面Ⅰ段丘	
第5段丘面（貝坂面）	貝坂面	千手面	貝坂面	貝坂段丘	―DKP
第4段丘面（朴の木坂面）	朴の木坂面	栗山面	朴の木坂面	朴の木坂段丘	
		上之山面			
第3段丘面	卯の木面	城山Ⅱ面	卯の木面	卯の木Ⅱ段丘	
				卯の木Ⅰ段丘	
第2段丘面（米原面）	米原面	城山Ⅰ面	米原面	米原Ⅱ段丘	―MG
				米原Ⅰ段丘	
第1段丘面（谷上面）	谷上面		谷上面	谷上段丘	

3.5 変動地形（活断層，活褶曲）分布図の作成

数千～数万年間隔で発生する地震による変位（活断層や活褶曲）は，繰り返し同じ場所で同じ方向に運動します。このため，これらの変位は1回の変位量が小さい場合でも累積されて，地形に様々な影響を与え，特徴的な変動地形が現れます。また，現在は変位していない断層でも，断層付近の地層は破砕されていることが多く，特徴的な断層線地形（直線状の谷，ケルンコル・バット）が現れます。

断層地形や断層線地形は，線状に連なっていることが多く，リニアメントと呼ばれます。地層の境界（砂岩・泥岩など侵食の受けやすさの差）がリニアメントとして現れる場合もあります。しかし，リニアメントは人為的な土地利用の境などに現れることも多く，注意が肝要です。

上記のリニアメントや活断層・活褶曲による変動地形を抽出した図を変動地形分布図といいます。変動地形の分布状況によって，当該地域が受けている地盤の応力状況が判明することがあります。

なお，国土地理院では「都市圏活断層図」を，独立行政法人産業総合研究センターでは「活断層ストリップマップ」を作成し始めています。これらの図も参考にしてください。

図3.5.1は，信濃川沿岸小千谷付近の河成段丘分布図（Ota, 1969，太田・鈴木，1979）で，活断層や活褶曲によって河成面が変位している様子が示されています。図3.5.2は，信濃川小千谷～鳥越間における河成段丘の活褶曲による変形を断面図で表したもので，①と②の断面位置は図3.5.1に記されています。

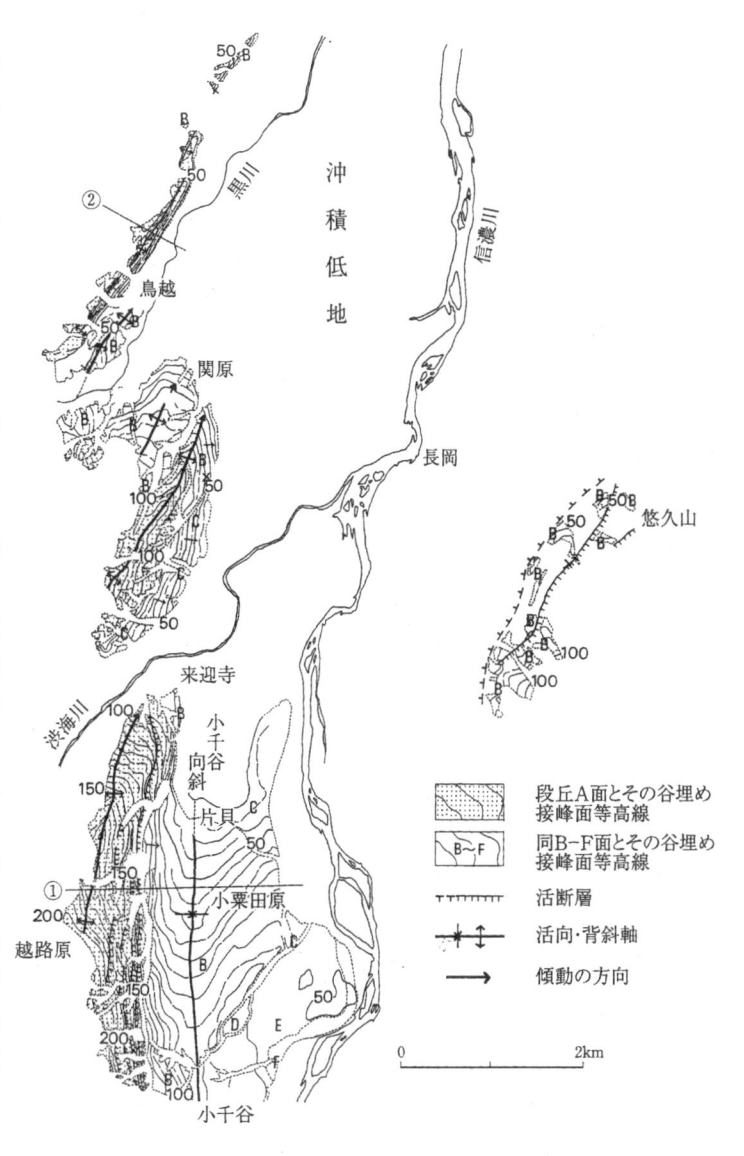

図3.5.1　信濃川沿岸小千谷付近の河成段丘分布図（Ota, 1969，太田・鈴木，1979）

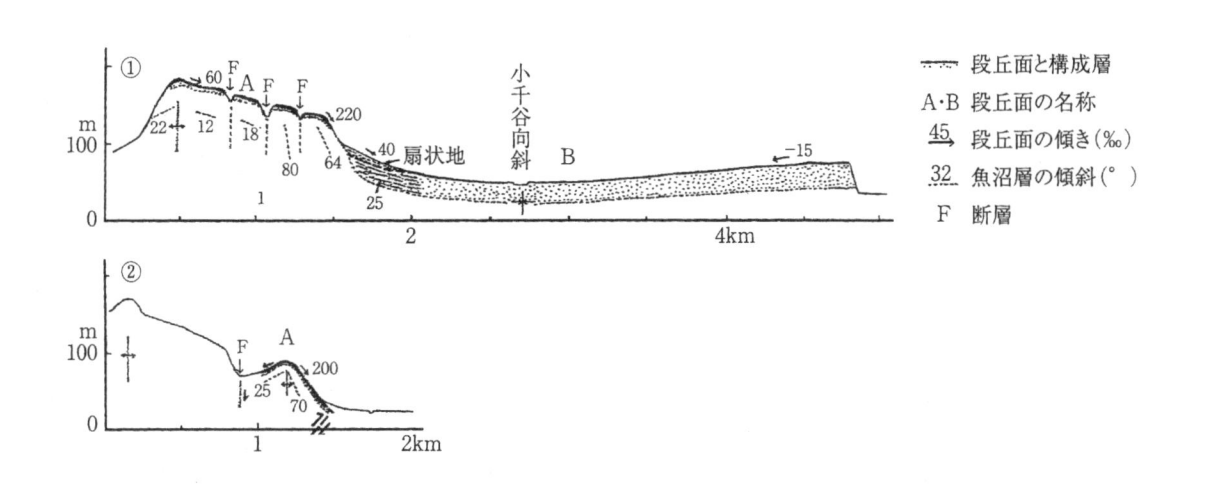

図3.5.2　信濃川小千谷～鳥越間における河成段丘の活褶曲による変形（Ota, 1969，太田・鈴木，1979）

3.6 地形分類図（土地条件図）の作成

今までに説明してきた地形の特性をまとめて表現したものを地形分類図と呼びます。国土地理院では1/2.5万土地条件図を作成しています。また，火山地域では火山活動による地形変化を抽出して表現された火山土地条件図があります。国土地理院刊行地図一覧図（主題図の部）をご覧ください。地形・地質の論文では，著者が表現したい地形特性を抽出した地形分類図が多く掲載されています。

みなさんも自分が調査した結果をもとに，きちんと凡例を作成した上で，地形分類図を作成してください。

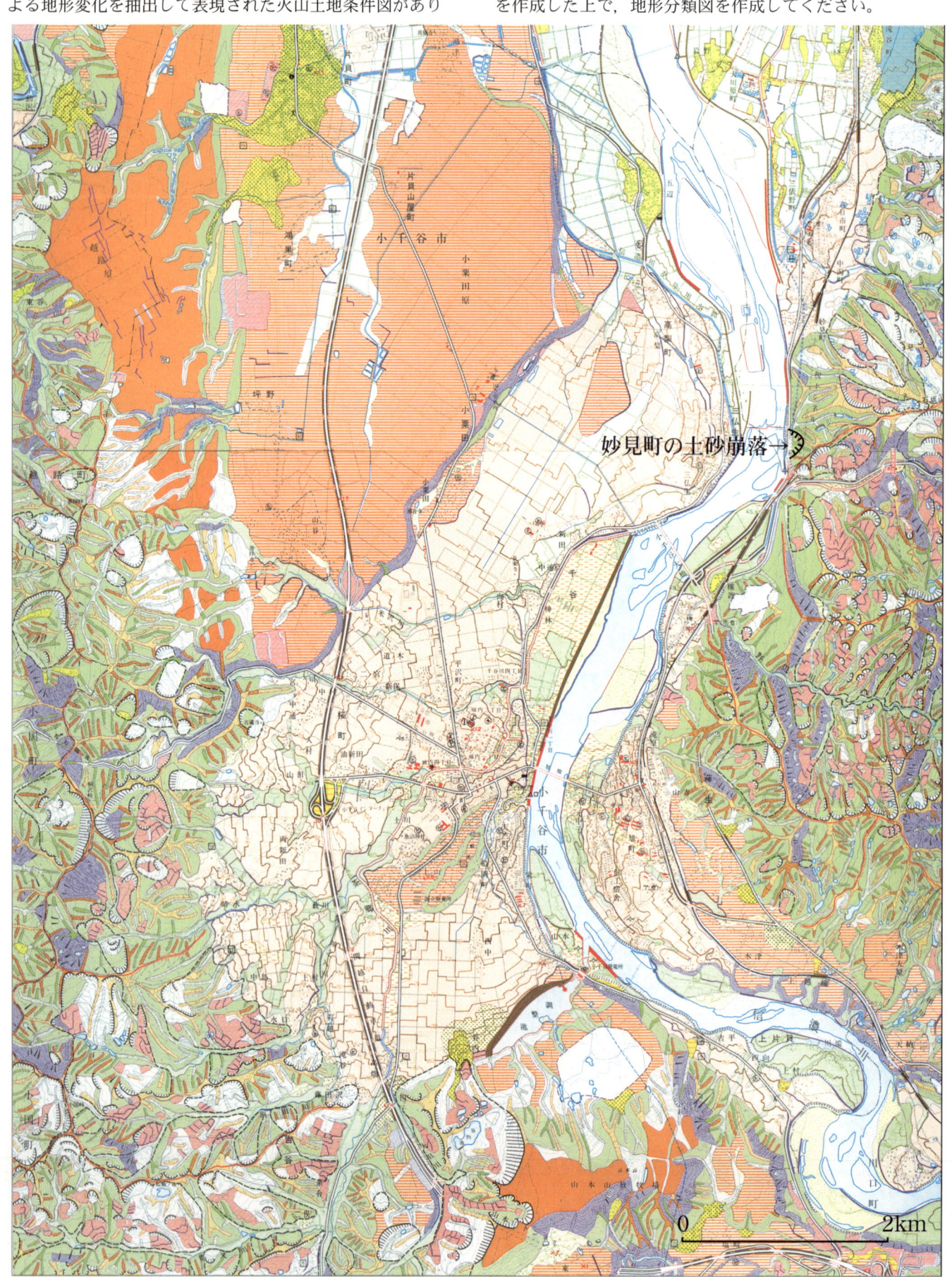

図 3.6.1　土地条件図（1/2.5万「長岡」図幅，国土地理院，1991）

3.7 砂防関係の微地形分類図の作成

大石（1985）は，「防災対策の実施という実践的な立場からは，将来予想される豪雨時に，対象とする地域に崩壊や地すべり，土砂の流出や堆積がどのように発生するか，言い換えれば，豪雨時にどのような地形変化が想定されるか，の見通しを持つ必要がある。地形変化の見通しを持つためには，これらの現象と関連する地形―微地形―を抽出し，それらが形成されてきた経過や機構を詳細に解析する必要がある」と砂防関係で微地形分類図作成の必要性を強調しています。大石（1999）のいう微地形とは，「地形学では一つらなりの斜面や段丘面のような小地形よりさらに小規模な地形を微地形と呼んでいる。しかし，ここでいう微地形は砂防という立場から山地とその周縁部の侵食・堆積にかかわる地形という意味で用いる」としています。

国土交通省の砂防事務所では，平成7年度（1995）より直轄の砂防流域（全国で2.03万km^2）で1/2.5万の微地形分類図（2007年1月現在で1.72万km^2）を作成しています。さらに，平成11年度（1999）より1/5000または1/1万の詳細微地形分類図（同964km^2）を作成し初めています。

大石（2004a,b,c）は，「微地形から出発する砂防」として，微地形調査の必要性と調査・解析手法を提案しています。土砂移動現象は極めて複雑で，従来の数式的手法，比流出土砂量（建設省河川局監修，社団法人日本河川協会編，『建設省河川砂防技術基準案同解説，計画編』1976，改訂1986，改訂新版1997）をベースとする手法では，流域それぞれの持つ特性あるいは流域ごとの差異が消されてしまいます。砂防計画の検討に当たっては，将来どのような営力のもとで，どこに，どのような土砂移動現象が発生するかを想定しなければなりません。将来の土砂移動現象の予測には，流域の荒廃特性を把握し，これを反映した土砂移動現象の履歴を示す現在の地形―微地形―を地形発達史の中で解析することによって得られます。微地形を解析することによって，将来の土砂移動現象が予測でき，そこからハード・ソフト対策が導かれる，としています。

国土交通省湯沢砂防事務所（2004，05）では，新潟県中越地震発生後に中越地震前後に撮影された航空写真の判読によって，2枚の微地形分類図（地震前；図3.7.1，地震後；図3.7.2）を作成しています。図3.7.1は，平成3年度（1991）から14年度（2002）に湯沢砂防事務所が作成した微地形分類図で，地震前の航空写真を用いて判読したものの一部です。

図3.7.2は，中越地震翌日の10月24日に撮影された航空写真をもとに，土砂移動現象を中心に判読したものです。このため，その後も繰り返し発生した余震に伴う斜面変動や天然ダム背後の湛水状況は表現されていません。国土地理院が10月28日の写真を用いて判読した図3.2.1（11月1日発行）と比較するとその違いが良くわかります。

図3.7.1と図3.7.2の凡例を左上に示しましたが，判読時期が異なるため，凡例には多少の違いがあります。凡例は航空写真の判読者が調査地域の地形状況を判断して，判読項目を抽出し，凡例を決めています。凡例の違いに留意しながら，判読図をじっくりと読図してください。

図3.7.1を見ると，芋川流域にはピンク色で示された規模の大きな地すべり地形が非常に多くあることがわかります。図3.7.2と比較すると，新潟県中越地震によって，大規模な地すべり変動を起こした地区と崩壊を起こした場所がわかります。芋川下流域の小芋川流域（答図1.2，図2.6.3，図2.6.4参照）などには地すべり地形は少なく，新潟県中越地震による土砂移動がほとんど発生していません。

芋川流域の寺野・東竹沢・大日山周辺については，新潟県中越地震前後の立体視可能な航空写真2.13.1～2.13.6を比較判読してください。大八木（2005，a,b,c）が判読した寺野・東竹沢・大日山の詳細判読図（図2.13.4，2.13.5，2.13.6）とも比較してください。他の機関が作成した地形判読図（図3.1.1，3.2.1，3.3.1）などの地形判読図とも比較読図してみましょう。芋川上流域には地震前に多くの地すべり地形がありますが，地震による土砂移動はほとんどありません。芋川の中流部には芋川本川や主な支流の河谷沿いに多くの崩壊タイプの土砂移動が発生しています。また，寺野・東竹沢のように規模の大きな地すべりが発生し，芋川を河道閉塞して，天然ダムが形成されました。いずれも，古い地すべり地形が存在していた地区であることがわかります。今回の地震で一番大きな地すべり変動を起こした大日山地すべりも，中越地震前からほぼ同じ規模の地すべり地形が存在し，再活動したことがわかります。

しかしながら，新潟県中越地震で土砂移動した地区は古い地すべり地形のうちの一部であることも事実です。大部分の地すべり地は動かずに，急峻な谷壁で表層崩壊が発生しただけのようです。このことは地震や豪雨による土砂移動の発生予測の難しさだと思います。

上記の3地域以外にも，多くの土砂災害地点があり，航空写真を詳細に比較判読すると，土砂移動にも色々なタイプがあることがわかります。巻末の参考・引用文献には多くの論文を紹介しました。これらの論文を読んでから，航空写真や判読図を見ると，新たな発見ができると思います。

今回の新潟県中越地震の斜面変動・土砂移動の特徴としては，震動を受けてゆるんだ地形があげられます。これは通常の降雨災害ではみられない地震動と重力によって発生した斜面変動と考えられます。谷壁の侵食が進み，両岸から切り合ってナイフ状になった尾根は激しい地震動で揺れやすいと判断されます。特に尾根の先端は横揺れにより振られるため，上部の未固結層に密にクラックが入り，植生を含む表層はシート状に崩落し，赤色土がむき出しになるため，判読が可能でした。余震によって，細粒物質がパラパラと剥がれるように落下し，斜面下部の道路上に砂や小礫が堆積しているのが現地踏査時に認められました。

[地震前の微地形分類図の凡例]

- 山頂小起伏面
- 第三紀層型地すべりブロック
- スライド型地すべりブロック
- クラック
- 滑落崖
- 崩壊地
- 崩壊跡地
- ガリー
- 雪崩型斜面
- 傾斜変換線
- 侵食前線
- 谷底平野
- 低位段丘L1面
- 崩積土堆
- 崖錐
- 埋積谷
- 麓屑面
- 新しい堆積土砂

[地震後の微地形分類図の凡例]

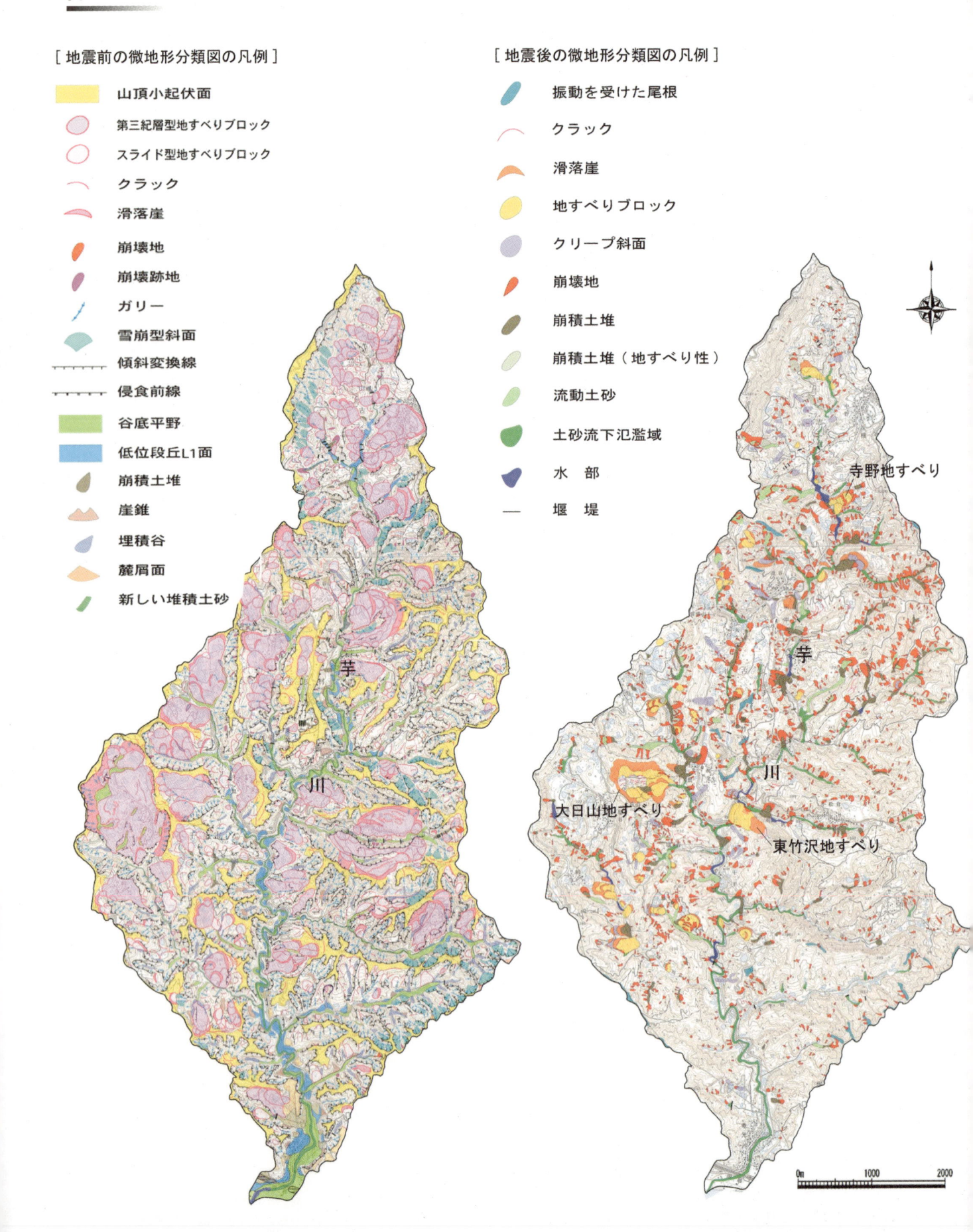

- 振動を受けた尾根
- クラック
- 滑落崖
- 地すべりブロック
- クリープ斜面
- 崩壊地
- 崩積土堆
- 崩積土堆（地すべり性）
- 流動土砂
- 土砂流下氾濫域
- 水部
- 堰堤

図 3.7.1　新潟県中越地震前の微地形分類図（1998年度湯沢砂防事務所撮影写真で判読，国土交通省湯沢砂防事務所，2004）

図 3.7.2　新潟県中越地震後の微地形分類図（2004年10月24日国土地理院撮影写真で判読，国土交通省湯沢砂防事務所，2005）

3.8 侵食速度（面積－高度比曲線）の推定

流域全体の侵食状態を示す指標の1つとして，Strahler (1952) の流域内の高度分布の相対値を示す面積－高度比曲線 (hypsometric curve, 図3.8.1) があります（田畑・他, 2002）。この曲線は，縦軸に流域全体の高度差Hに対する任意の高度hの比（h／H）を，横軸に全面積Aに対するh以上の面積aの比（a／A）をとった曲線です。図3.8.2に示したように，原地形面（始源面）を破線で囲まれた山頂に接する水平投影面と仮定すると，この曲線より上部が侵食された部分，下部が残った山体を表すことになり，侵食の進行速度が表現できます（鈴木, 2000）。

この曲線のX軸とY軸に囲まれた部分の面積α（現地形面に対する山体の体積）を面積－高度比積分といい，侵食の程度を示す目安となります。芋川流域で1/2.5万地形図をもとに，1cmメッシュ（実距離250mメッシュ）で標高を読み取りました。

メッシュ数が628点ですので，流域面積（A）は，
A＝メッシュの大きさ×メッシュ数
　＝250×250×628＝3.93×10^{7}m^2＝39.3km^2
となります（湯沢砂防によれば，流域面積38.4km^2）。

メッシュごとの標高を順番に並べ，面積－高度比曲線を作成すると，積分値α＝0.337　です。

地殻変動や火山活動が激しい日本列島においては，山頂水平投影面（Summit-Plane）を原地形面と考えることは妥当ではありません。原地形面の判明している丘陵地や台地・火山山麓斜面では，適当な谷埋め幅で描いた接峰面を原地形面と考えるほうが現実的です。接峰面（summit level）とは，山地を刻む谷を埋めて河川侵食以前の元の地形を復元する目的で，山頂または山体に接して想定した地形面です。芋川流域では，図2.11.1（1kmメッシュ法）と答図1.5, 図2.12.1（1km谷埋め法）で作成しました。図2.12.1をもとに，1cmメッシュ（実距離250mメッシュ）で接峰面標高を読み取り，面積－高度比積分を求めると，β＝0.463となります。

芋川流域の最高標高は猿倉岳のH＝680m，最低標高は千曲川との合流点のh＝70mです。面積－高度比曲線のβとαの間を芋川流域の侵食土砂量（V$_1$）と考えると，

V$_1$＝A×（H－h）×（β－α）
　＝3.93×10^7×（680－70）×（0.463－0.337）
　＝3.02×10^{9}m^3

βを求めた1kmの谷埋めの接峰面の形成時期は何時頃でしょうか。面積－高度比曲線を見ると，猿倉岳（680m）を除いて，標高300～400mの平坦面であることがわかります。図2.9.1　起伏量図によれば，1/2.5万「小平尾」地域は，100～199mの起伏量が卓越していることがわかります。答図1.7.3, 答図1.7.4　魚野川南側の河成段丘分類図によれば，分布の広い堀之内付近の更新世段丘1, 2は，9～15万年前と推定されており，魚野川の現河床より約150mの比高差があります。

このため，芋川流域の標高300～400mの平坦面（接峰面）は，9～15万年前と考えることができそうです。

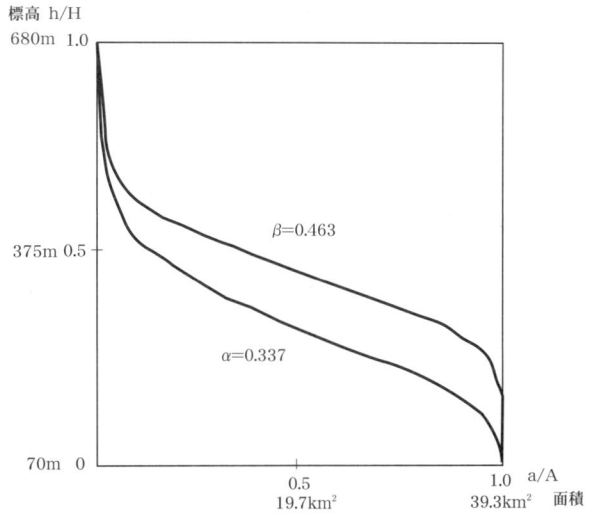

図 3.8.1　芋川流域の面積－高度比曲線

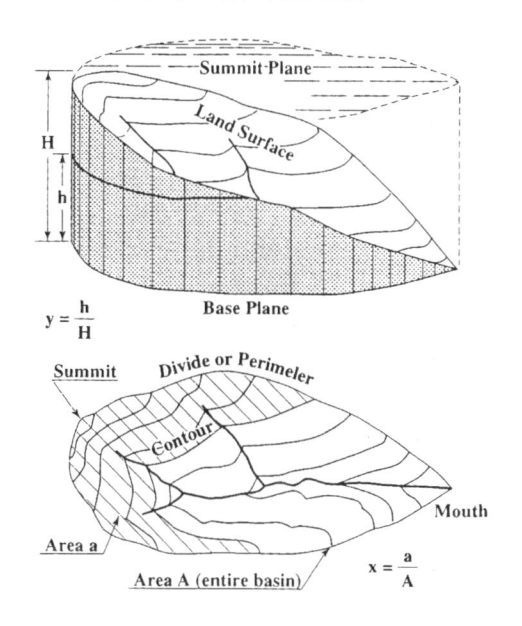

図 3.8.2　面積－高度比曲線の説明（Strahler, 1952）

H：流域内の比高，h：任意の高度，
A：流域面積，a：高さh以上の水平投影面積

つまり，芋川流域などの東山流域は，9～15万年前は標高150～200mの平坦面が拡がっていたと想定されます。

魚野川の現河床と堀之内付近の更新世段丘1, 2との比高差（150m）がこの地域の9～15万年間の地盤隆起量と仮定すれば，年平均隆起速度は1.0～1.7mm/年となります。

芋川からの侵食土砂量（V$_1$）の流出期間（T）が上記と同じ期間と仮定すると，年平均侵食土砂量（V$_2$）は，

V$_2$＝V$_1$／T＝3.02×10^9／（9～15×10^4）
　＝2.01～3.36×10^{4}m^3/年

芋川流域の流域面積（A）は39.3km^{2}ですから，年平均侵食速度（S）は，

S＝V$_2$／A＝（2.01～3.36×10^4）／3.93×10^7
　＝0.51～0.86mm/年

となります。

つまり，氷河性の海面変動を無視すれば，地盤の隆起速度の半分程度の速度で侵食されたため，接峰面で示される丘陵地の山頂高度が次第に高くなったと考えられます。

3.9 中越地震前の地すべり地形面積率と地震後の土砂移動面積率の関係

図3.9.1は，図3.3.1と図3.3.2をもとに，芋川流域の新潟県中越地震前の地すべり地形と地震後の土砂移動の面積率を比較した図です。図3.3.1は芋川流域周辺（117.0km²）を1kmメッシュで9×13＝117分割したものです。この流域は平坦地（河成平野）がほとんどなく（8.3km²，7.1％），大部分（108.7km²，92.9％）が土砂災害を起こしやすい丘陵性の山地部です。新潟中越地震前の国土地理院の写真判読によれば，山地面積の45％に地すべり地形が認められました。

中越地震により土砂移動が発生した地域は，地すべり地形内では面積6.1km²となり，土砂移動面積率は11.9％となりました。地すべり地形以外では面積は2.6km²となり，土砂移動面積率は4.5％となりました。つまり，中越地震前から地すべり地形の地域のほうが，地すべり地形以外の地域より，2.6倍も土砂移動（土砂災害）が発生しやすかったことがわかります。

このことは，今後の防災対策を考える上で重要なことだと思います。

図3.9.2は，図3.3.2で示した1kmメッシュごとに，中越地震前の地すべり地形面積率と中越地震後の土砂移動面積率の関係をドットで示したものです，地すべり地形面積率は，0％（存在しない）から90％近くまで分布しているのに対し，中越地震後の土砂移動面積率は0％から最高で31％まで分布しています。地すべり地形面積率の30％を境にして，土砂移動面積率に大きな差があるようです。

図3.9.3は，図3.9.2をもとに，1kmメッシュごとの地すべり地形面積率別（10％ごと）に中越地震後の土砂移動面積のメッシュ数を棒グラフで示したものです。

このグラフを見ると，地すべり地形面積率が30％以下のメッシュ（全部で30メッシュ）では，中越地震後の土砂移動面積率は大部分が10％以下であり，あまり土砂移動が発生していないことがわかります。表層崩壊型の小規模な土砂移動が散発的に発生したものと思われます。

地すべり面積率が30％以上のメッシュ（83メッシュ）では，中越地震後の土砂移動面積率が10～20％や20～31％のメッシュが多くなります。すなわち，地すべり面積率の多い地域では，中越地震後には比較的規模の大きな再活動型の地すべりが多く発生したものと考えられます。

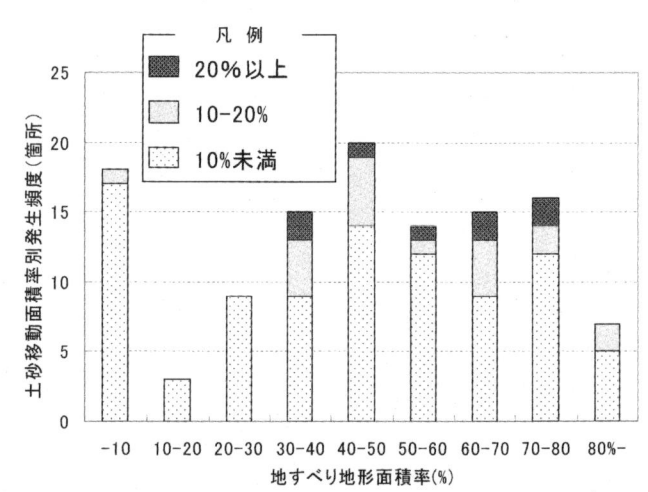

図3.9.3　1kmメッシュごとの地すべり地形面積率別にみた中越地震後の土砂移動面積の比率

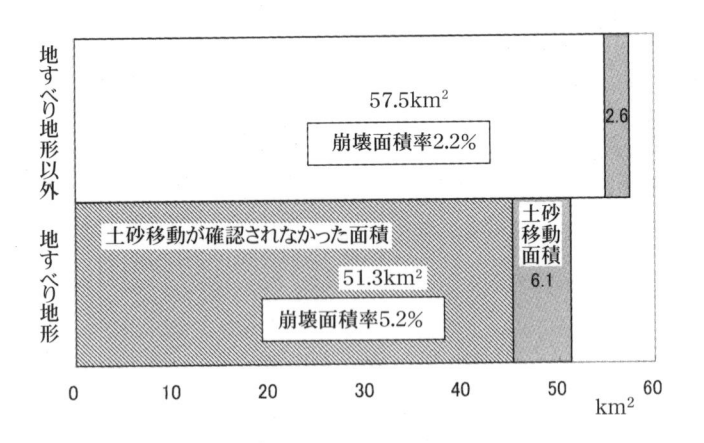

図3.9.1　芋川流域周辺の中越地震前の地すべり地形と地震後の土砂移動の面積率

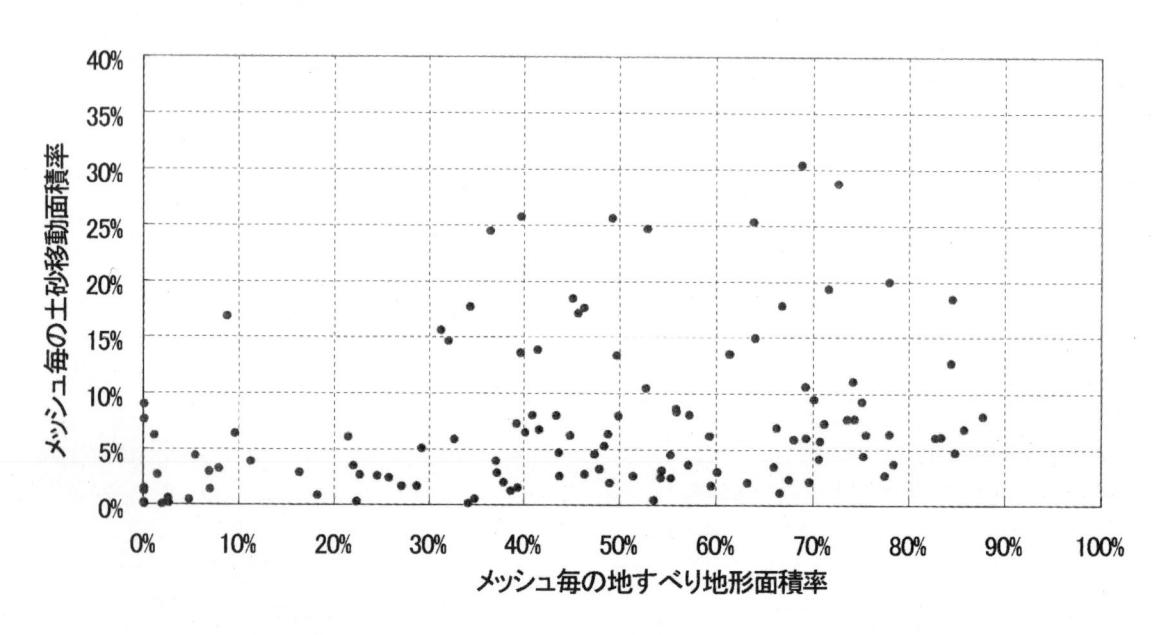

図3.9.2　芋川周辺のメッシュごとの地すべり地形面積率とメッシュ内土砂移動面積率

4 読図から読み取る新潟県中越地方の地形・地質特性

4.1 中越地方の地形・地質特性

2章では中越地方の1/2.5万地形図をもとに，いくつかの読図・作図作業について，作成方法を説明しました。これ以外にも多くの読図・作図手法がありますが，それらの手法は専門書にゆずることにします。3章では，写真判読のプロが作成した主題図などを比較しながら読図し，地形情報を読み取る方法を説明しました。

本章では，これらの作図・読図作業から，読み取れる東山丘陵の地形・地質特性について，考察してみましょう。

裏表紙は，平成18年（2006）版による新しい規格の地形図の上に，国土地理院（2004年11月1日）の「新潟県中越地震災害状況図」（10月28日撮影の写真で判読，図3.2.1）の斜面崩壊地を追記したものです。この図には，中越地震によって形成された天然ダムの湛水状況と消滅した養鯉池（紺色で表示）も示しました。また，国土地理院が2006年1月5日に発売した『平成16年新潟県中越地震 1:25,000 災害状況図（地形分類及び災害情報）』から，2005年末時点で通行不能となっている道路を追記しました。

図4.1.1は1/5万の地質図「小千谷」図幅（柳沢・他，1986，地質調査所）をもとに白黒で編集し直したものです。この地質図と今までに作成してきた図を比較して，当地区の地形・地質特性を考察してみましょう。

芋川の西側には，梶金向斜が芋川の流下方向とほぼ同じ北北東－南南西方向に走っています。このため，大規模な河道閉塞を起こした寺野と東竹沢地区は20～30度の流れ盤構造を示しています。問6で示した田沢川左岸の大規模地すべりも流れ盤構造の地すべりです（答図1.6，図2.4.3）。この地すべり地形は今回の中越地震では変動していないと思われますが，過去の地震や集中豪雨で急激に変動した地すべり地と判断されます。古文書や聞き込み，地質調査などによって，地すべりの発生年代を調査する必要があります。

芋川本川は，北北東～南南西に延びる梶金向斜軸にほぼ沿って流下していて，流路はこの地域の地質構造に調和しています。しかし，完全に一致しているわけではなく，芋川の流路は東側に少しずれています。地質図では向斜軸の地域および東側の流域界になっている尾根部には砂岩層が分布しています。しかし，本流と東川・前沢川・芋川沢などは，この砂岩層部を残して流下しています。この地域の砂岩はともに分布する砂泥互層，シルト岩に比べ，水の侵食に対する抵抗性が高いか，浸透性が高いため，結果的に侵食されにくかったのでしょう。芋川はより侵食しやすい地質の所を選択して流下していると考えられます。左岸側の流域界となっている尾根部が砂岩層からなることからも，砂岩の侵食に対する抵抗性が伺われます。

芋川本流の流路は蛇行を繰り返しており，旧河道がショートカットされた部分も点在していて，流路は大きく位置を変動させることなく，基本的に向斜軸付近を蛇行しながら，下方侵食を継続させてきたものと考えられます。また，この地域には地すべりも多いため，地すべり土砂の押し出しによる河道閉塞によって，河道が移動することもあったものと考えられます。

左岸側の支谷は，流域内の背斜軸の滑走斜面に調和して本流に直交するように合流していることが多いのですが，右岸側の支谷は，逆に攻撃斜面を流下する所があるのと，侵食に対する抵抗性の高い砂岩層部や塊状泥岩部の分布が多く，そう単純ではありません。火山岩類の最上流部と右岸側の流域界付近は溶岩と火山角礫岩からなっており，谷の発達がかなり少なくなっています。この区域は侵食に対する抵抗性が高いというよりは，岩の性質上間隙が多く，水が浸透してしまって谷が形成されにくいためと思われます。新潟県の中越地方は，標高300～500mの丘陵性山地からなり，新第三紀層地すべりの多発地帯です。

井上（2005a）によれば，山古志村の種芋原の中野地区では，文政七年（1824）四月に大規模な地すべりが発生し，大きな被害が発生しました（石碑『盗人塚』と伝承があります）。楢木では，昭和51年（1976）3月の融雪時に楢木集落の南斜面が地すべりを起こし，新築間もない家屋が倒壊しました。この地区の斜面のほとんどは棚田や養殖池として土地利用されていますが，地すべりや崩壊が数十～数百年おきに繰り返し発生している地区です。

上記の地質特性が，2～3章で作成した地形解析図ではどのように表現されたのでしょうか。

2.5項の地形断面図では，「小平尾」図幅の最高点・鳥屋ガ峰（三角点681.2m）と最低点（魚野川63m）を結んだ直線の断面図（図2.5.2）を作成しました。この地域は東山丘陵と呼ばれる地区で，標高100～300mの丘陵地が細かく波打っているように見えます。北東の鳥屋ガ峰付近だけが標高681.2mと高くなっています。

2.6項の水系図（次数別），流域界は，平成13年（2001）版の地形図（図2.6.3）と平成18年（2006）版による新しい規格の地形図による水系図（図2.6.4）を作成しました。尾根線と谷線の識別はできたでしょうか。芋川本川は5次河川で，丘陵性山地の中を陥入蛇行しながら，北から南へと流れて信濃川水系・魚野川に合流しています。芋川の支川は3次から4次河川が多く，東西方向から芋川に流入しています。2枚の水系図を比較すると，新潟県中越地震により大規模な土砂移動（地すべりや土石流）が発生し，多くの河道が閉塞され，天然ダムが形成されたことがわかります。

2.7項の河床縦断面図は，芋川本川と芋川に流入する主な支川の河床断面（図2.7.1）を示しました。芋川は流路

延長 17.2 km，流域面積 38.4km² で，緩い指数曲線を描きながら流下しています。魚野川本川（河床勾配 0.3%）とは 0.6% の勾配で合流しています。芋川の支川は本川よりも少し急な勾配の指数曲線を描きながら流下していま

す。芋川で形成された河道閉塞（天然ダム）の位置と最大の湛水面を示してあります。東竹沢地点の河床勾配は 1.0%，寺野地点のそれは 3.5% です。その他にも多くの河道閉塞地点がありますが，塞き止め高さが 10 m 以下で，

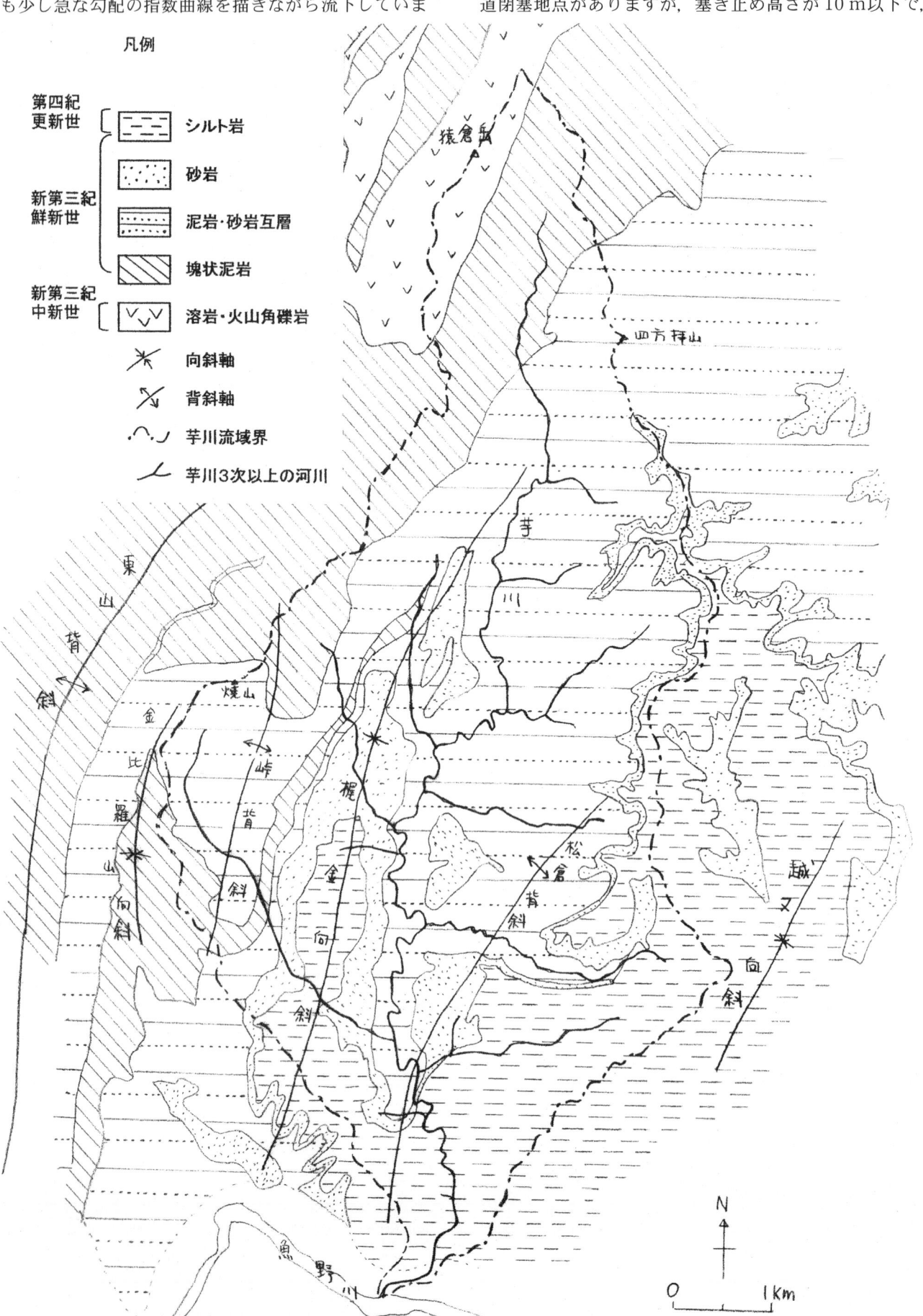

図 4.1.1 芋川流域の地質図（1/5 万の地質図「小千谷」図幅（柳沢・他，1986，地質調査所）をもとに編集）

湛水量はそれほど多くありません。

2.9項の起伏量図は，1/2.5地形図「小平尾」図幅を10分割100等分した約1kmメッシュの起伏量をハッチング（図2.9.1）で示したものです。新しい規格の地形図では10分割の仕方に注意してください（2.8項のコラム参照）。最大の起伏量は鳥屋ガ峰を含むメッシュの436m，それ以外の多くのメッシュの起伏量は100〜199mとなっており，丘陵性山地の特性を示しています。

2.10項の谷密度図は，芋川流域のみ「小平尾」と「半蔵金」図幅を用いて作成（図2.10.1）しました。芋川の本川付近では15〜22本/km^{2}と多くなっていますが，支川流域では15本以下と少なくなっています。これは芋川本川が蛇行しながら深い谷地形を形成しているため谷密度が高いのに対し，丘陵地を流れる支川流域では谷地形がまだあまり発達していないことを示していると考えられます。また，侵食されやすい泥岩質の地層が分布する流域で谷密度が高くなっています。

2.11項では1kmメッシュ法の接峰面（図2.11.1）を，2.12項では1km谷埋め法による接峰面（図2.12.1）を示しました。図2.12.1の1km谷埋め法については，東山丘陵全体の地形状況が判るように，ほぼ全域を作成しました。この図には背斜軸と向斜軸の位置も示してあります。また，主な河川と想定した河川争奪地点を×印で追記しました。河川争奪（stream piracy）とは，河川の流路に横から別の河川が侵食してきて，上流部を奪ってしまい，流れの方向が変わってしまう現象を言います（鈴木，2000）。奪われた河川の谷は風隙（wind gap）となって残ります。

図2.13.1は，井上が社団法人砂防学会の新潟県中越地震土砂災害調査団の一員として，2004年11月20日と24〜27日に現地調査した時に撮影した新潟県中越地震による土砂災害状況写真と位置図を示したものです。被災状況と天然ダム対策として，懸命に続けられている排水対策工事の状況が良くわかると思います。

2.13項では，立体視可能な航空写真2.13.1〜2.13.6と深田地質研究所の大八木規夫博士が判読された地震前後の詳細な地すべり地形分類図（図2.13.4〜2.13.6）を掲載させていただきました。図2.13.3に示したように，地すべり地形を詳細に判読すると，隣接する地すべり地形との相互関係が良くわかります。寺野・東竹沢・大日山の地区とも，中越地震前から多くの地すべり地形が存在し，その一部が地震により大きく変動したことがわかります。これらの地域は，本格的な災害復興対策が始まり，人為的に大きな地形改変が続けられています（国土交通省湯沢砂防事務所，2007）。これらの対策工事が実施されなければ，今後の豪雨や融雪出水時にどのように地形が変化していくのでしょうか。大規模な対策工事が実施されない地区で見守って行きたいと思います。

3.1項では新潟県中越地震前の地すべり分布図（中越地震前，防災科学研究所，図3.1.1）を，3.2項では新潟県中越地震災害状況図（国土地理院，図3.2.1）を示しました。図3.1.1には，中越地震の本震と余震の震央位置を示すとともに，湯沢砂防事務所が写真判読した「地すべり」と「崩壊」の分布を示しました。

3.3項の中越地震による土砂移動面積率では，山古志地区の1/25,000災害状況図（国土地理院，2006年1月5日発行）をもとに，地震前の地すべり地形と災害後の土砂移動を抽出して表現（図3.3.1）しました。図3.3.2は，地震前の地すべり地形と災害後の土砂移動の面積率を計測して，ハッチングで示したものです。

3.4項の河成段丘の判読・分布図の作成では，信濃川に沿った河成段丘区分図（田中，2000，図3.4.1）を示しました。答図1.7.1〜1.7.3の魚野川右岸の河成段丘分類図（金，2004に加筆）とも比較してください。信濃川や魚野川には数段の河成段丘が発達しており，表3.4.1に示した示標火山灰などによって，段丘面の形成年代が解明されてきました。東山丘陵のすぐ南の魚野川右岸では，現河床から140〜150mも高い位置に9〜15万年前に形成された河成段丘が分布しています。この頃は下末期と呼ばれる間氷期の海進時期で海水準が現在とほぼ同じ高さだったと考えられます。氷河性の海面変動の影響を無視すれば，この地域は9〜15万年前の間に140〜150mも隆起したことを意味し，年平均隆起速度は1.0〜1.7mm/年と推定されます。

3.5項の活断層，断層地形分布図の作成では，信濃川中流付近の活構造図（Ota，1969，太田・他，1979，図3.5.1，図3.5.2）を示しました。信濃川沿いの河成段丘では活断層や活褶曲の地形が認められ，多くの調査が実施されています。新潟県中越地震を引き起こした地震断層はあまり明確になっていませんが，接峰面図（図2.12.1）に示したように，東山丘陵では活構造運動が活発で，多くの活断層や活褶曲活動が存在し，現在も地形が変形し続けていることがわかります。

3.6項では，地形分類図（土地条件図，図3.6.1）を示しました。今までに説明してきた地形特性を写真判読して表現したものを地形分類図と呼びます。国土地理院では1/2.5万土地条件図（沿岸海域土地条件図もあります）を作成しています。また，火山地域では火山活動による地形変化を抽出して表現した火山土地条件図があります。国土地理院刊行地図一覧図（主題図の部）を見ると，現在までに刊行されている土地条件図の範囲がわかります。地形・地質関係の論文では，著者が表現したい地形特性を抽出した地形分類図が多く掲載されています。

3.7項では，国土交通省の砂防事務所が平成7年度（1995）より直轄の砂防流域（全国で2.03万km^2）で作成している1/2.5万の微地形分類図を示しました。国土交通省湯沢砂防事務所（2004，05）では，中越地震前後に撮影された航空写真の判読によって，2枚の微地形分類図（地震前・図3.7.2，地震後・図3.7.3）を作成しています。

大石（2004a,b,c）は，「微地形から出発する砂防」として，「砂防計画の検討に当たっては，将来どのような営力のもとで，どこに，どのような土砂移動現象が発生するかを想定しなければなりません。将来の土砂移動現象の予測

は，流域の荒廃特性を把握し，これを反映した土砂移動現象の履歴を示す現在の地形—微地形—を地形発達史の中で解析することによって得られます。微地形を解析することによって，将来の土砂移動現象が予測でき，そこからハード・ソフト対策が導かれる。」としています。

今回の斜面変動・土砂移動の特徴としては，震動を受けてゆるんだ地形があげられます。これは通常の降雨災害ではみられない地震動と重力によって発生した斜面変動と考えられます。谷壁の侵食が進み，両岸から切り合ってナイフ状になった尾根は激しい地震動で揺れやすいと判断されます。特に尾根の先端は横揺れにより振られるため，上部の未固結層に密にクラックが入り，植生を含む表層はシート状に崩落し，赤色土がむき出しになるため，判読が可能でした。余震によって，細粒物質がパラパラとはがれるように落下し，斜面下部の道路上に砂や小礫が堆積しているのが現地踏査時に認められました。

3.8項では，東山丘陵の侵食速度を推定するため，面積－高度比曲線（図3.8.1）を作成しました。流域全体の侵食状態を示す指標の1つとして，Strahler（1952）は流域内の高度分布の相対値を示す面積－高度比曲線（hypsometric curve）を提唱しました。芋川流域の現地形の面積－高度比の積分値は$\alpha=0.337$で，1kmメッシュの接峰面の積分値は$\beta=0.463$です。面積－高度比曲線のβとαの差から芋川流域の侵食土砂量（V_1）と考えると，$3.02\times10^9 m^3$（30.2億m^3）となります。

βを求めた1kmの谷埋めの接峰面の形成時期は何時頃でしょうか。面積－高度比曲線を見ると，猿倉岳（680m）を除いて，標高300～400mの平坦面であることがわかります。魚野川南側の河成段丘面分類図（答図1.7.3, 1.7.4）によれば，分布の広い堀之内付近の更新世段丘1，2は，9～15万年前と推定されており，魚野川の現河床より約150mの比高差があります。このため，芋川流域の標高300～400mの平坦面（接峰面）は，9～15万年前と考えることができそうです。つまり，芋川流域などの東山流域は，9～15万年前は標高150～200mの平坦面が拡がっていたと判断されます。魚野川の現河床と堀之内付近の更新世段丘1，2との比高差（150m）がこの地域の9～15万年間の地盤隆起量と仮定すれば（氷河成海面変動を無視），年平均隆起速度は1.0～1.7mm/年，年平均侵食速度（S）は，0.51～0.86mm/年となります。

つまり，地盤の隆起速度の半分程度の速度で侵食されたため，接峰面で示される丘陵地の山頂高度が次第に高くなったと考えられます。

3.9項では，中越地震前の地すべり地形面積率と地震時の土砂移動面積率の関係を考察しました。この流域は平坦地（河成平野）がほとんどなく（8.3km^2，7.1％），大部分（108.7km^2，92.9％）が土砂災害を起こしやすい丘陵性の山地部です。中越地震前の国土地理院の写真判読結果（図3.9.1）によれば，山地面積の45％に地すべり地形が認められました。中越地震により土砂移動が発生した地域は，地すべり地形内では面積6.1km^2，土砂移動面積率は11.9％となり，地すべり地形以外では面積は2.6km^2，土砂移動面積率は4.5％です。つまり，中越地震前から地すべり地形の地域の方が，地すべり地形以外の地域より，2.6倍も土砂移動（土砂災害）が発生しやすかったことになります。このことは，今後の防災対策を考える上で重要なことだと思います。

図3.9.2は，中越地震前の地すべり地形面積率と中越地震時の土砂移動面積率の関係をドットで示したものです。地すべり地形面積率は0％（存在しない）から90％近くまで分布しているのに対し，中越地震時の土砂移動面積率は0％から最高で31％まで分布しています。地すべり地形面積率30％を境にして，土砂移動面積率に大きな差があることがわかります。

図3.9.3は，地すべり地形面積率別に中越地震時の土砂移動面積のメッシュ数を棒グラフで示したものです。地すべり地形面積率が0～30％の地域（全部で30メッシュ）では，土砂移動面積率は大部分が10％以下であり，あまり土砂移動が発生おらず，表層崩壊型の小規模な土砂移動が散発的に発生したと考えられます。地すべり面積率が30～90％の地域（83メッシュ）では，土砂移動面積率が10～20％や20～31％のメッシュが多くなります。すなわち，地すべり面積率の多い地域では，中越地震時には比較的規模の大きな再活動型の地すべりが多く発生しました。

図2.12.1によれば，東山丘陵は鳥屋ガ峰や五百山・猿倉岳などの尾根（標高600～700m）が走行方向と同じ北北東－南南西方向に走っています。その周辺には，標高300～500mの丘陵性山地が拡がっています。東山丘陵を現地調査された方はわかりますが，スカイラインはほぼ一定で，山頂付近まで棚田や養殖池が無数に作られているのに驚きます。東山丘陵を流れる河川は，地層の走向に沿って適従河川（鈴木，2000）となって，北北東－南南西方向に流れる区間と走向線を横切って，横谷となっている部分があります。河川争奪想定地点に行って見ると，風隙（wind gap）となって元の河谷地形が認められる箇所も多くあります。東山丘陵は，元々標高の低い台地状の地形だったと想定でき，最近の急激な地盤の隆起と褶曲活動によって，接峰面地形が形成されたと考えられます。地盤の隆起に伴い，芋川などの河川侵食が活発となり，地震や豪雨・雪解け洪水を誘因として，地すべりや崩壊現象，土石流などの斜面変動が多発するようになりました。地すべりを起こした地域は，肥沃で緩傾斜な地帯となったため，豪雪地帯であるにも関わらず，東山丘陵に住む人達は無数の棚田や養殖池を少しずつ構築していったのでしょう。私が昭和45～46年に卒論（井上，1971）を実施した東頚城丘陵も同様の地形です。卒論の頃から米余り現象が激しくなり，一割減反政策が始まりました。減反政策に伴い，放棄された水田も多いのですが，東山丘陵では，積極的に休耕田を錦鯉の養鯉池に転換していったようです。地震後の復興対策として，どのような土地利用が構築されていくのでしょうか。豪雪と少子高齢化が復興対策の足枷にならなければいいのですが。

4.2 中越地震に起因する斜面崩壊の発生場

表4.2.1は，土木学会（第1次）・地盤工学会合同調査団調査速報（Ver.1.0, 2005年1月11日）において，鈴木（2005）が説明した「中越地震の発生前における東山丘陵の主な地形種」です．中越地域の地形種を大・中分類，小分類に分け，地形的特長と土地利用の特徴を説明しています．小分類の非対称山稜（ケスタ），落石地形，崩落地形，地すべりでは，地形的特徴をさらに詳しく説明しています．

表4.2.1 中越地震の発生前における東山丘陵の主な地形種（鈴木，2005）

大・中分類			小分類	地形的特徴	中越地震による主な地形変化
丘陵		前輪廻地形	小起伏面	尾根頂部の横断形は円頂で，斜面は緩傾斜であり，浅い谷が発達する．周囲の遷急線は明瞭で，その直下に露岩が多い．	小規模な崩落と地すべり．周囲の急崖で大規模な岩盤崩落．
	尾根		尖頂状尾根	尾根移動型地すべりと崩落の切り合いで，尖頂を示す．尾根頂部が地すべり滑落崖の場合もある．	尾根移動型地すべりと岩盤崩落．
		非対称山稜（ケスタ）	ケスタ崖	受け盤斜面で，崩落地形が多い．	岩盤崩落，落石．
			ケスタ背面	流れ盤斜面で，層面地すべり地形が多い．	大規模な地すべり．
	山腹斜面	一般斜面	匍行斜面	縦断形と横断形の組み合わせで9種に分類される．	小規模な崩落．
		落石地形	自由斜面	急傾斜の露岩斜面で，落石，岩盤崩落が発生する．	落石，岩盤崩落．
			崖錐	顕著な崖錐は発達していない．	小規模な崩落と地すべり．
		崩落地形	崩落崖	剥落型が多く，どの斜面型にも発達する．	落石，岩盤崩落．
			崩落堆	谷底部の古いものは側刻で除去されている．	落石，岩盤崩落．
		地すべり地形	滑落崖	明瞭である．尾根移動型も多い．	落石，岩盤崩落，地すべり．
			地すべり堆	流れ盤地区では少凹凸型が多く，受け盤地区では全体凹凸型や階段型が多い．ガリーは少ない．	流れ盤地区の，古い地すべり堆の再すべりと崩落．
	河谷		欠床谷	3次谷以下の谷底に発達し，下刻が進行しているが，軟岩のため，粗大な河床礫は少なく，岩床であるが，高い滝はない．	各所で，落石・崩落物質の堆積．
			床谷	4次谷以上の谷底に発達し，生育蛇行し，側刻が始まっている．河床堆積物は細粒で薄く，岩床もある．顕著な滝はない．	各所で谷壁の岩盤崩落や地すべりによる河道閉塞．
			土石流地形	谷底に局所的に土砂堆があるが，大規模な沖積錐はない．	顕著な地形変化はない．
段丘	河成段丘	段丘面	高位面群	4段（$t_0 \sim t_3$）に細分され，丘陵頂部に分布し，活褶曲運動で変位・変形している地区が多く，開析が著しい．	顕著な地形変化はない．
			中位面群	4段（$t_4 \sim t_7$）に細分され，蛇行切断または過去の攻撃部の河成低地が早瀬切断で段丘化した地区が多い．	顕著な地形変化はないが，流路跡地で構造物の変状があった．
			低位面群	3段（$t_8 \sim t_{10}$）に細分され，現在の河川にほぼ並走して分布する．	顕著な地形変化はない．
		段丘崖		河川の攻撃部に接する段丘崖は急崖をなし，崩落や地すべりで後退しており，岩盤が露出している．	崖頂部の崩落，河川攻撃部の段丘崖で顕著な崩落と地すべり．
		段丘開析谷		段丘面内で発源する域内河川の段丘開析谷は高位・中位面の段丘面を顕著に開析している．域外河川の段丘開析谷は深い．	谷頭と谷壁で小規模な崩落と地すべり，それらによる土石流．
低地	谷底低地		谷底侵蝕低地	信濃川の越の大橋から上流の河床ぞいをはじめ，6次谷以上の谷底に発達し，堆積物は主に砂礫層（厚さ数m以下）である．	流路跡地の地盤液状化を除くと顕著な地形変化はない．
			谷底堆積低地	信濃川の越の大橋から下流ならびに魚野川の破間川合流点付近から上流の右岸に扇状地的谷底低地として発達し，主として砂礫層で構成されているが，流路跡地では粘土層を挟む．	流路跡地の地盤液状化を除くと顕著な地形変化はない．

表4.2.2 地形種の安定化に関する地形工学的観点からの留意事項（予察）（鈴木，2005）

地形種	地形種の細分類	予想される今後の地形変化	安定化工法の例	建設工事における留意事項
岩盤斜面	柾目盤斜面	層面地すべり	深礎・アンカー工法	斜面の切取は不適．
	平行盤斜面・逆目盤斜面	普通には安定しているが，斜面基部が侵蝕・切取されると，柾目盤斜面になり，不安定化する．	擁壁工，型枠とアンカー工法の併用．	切取で柾目盤化する場合には，剥落型落石・崩落および層面地すべりの発生．
	受け盤斜面	安定しているが，30度以上の急斜面（とくに露岩）では落石・崩落が発生する．	落石防止柵	緩傾斜斜面であれば切取は可能であるが，急傾斜斜面では崩落．
落石地形	剥落崖	落石の再発	落石防止柵	モルタル吹付工は無効であろう．
	崖錐	転落型落石の発生	植林，基部に擁壁	切取は不適．基礎地盤として不適．
崩落地形	崩落崖	小規模崩落	段切で，植林	落石防止柵の設置は困難．
	崩落堆	ガリー侵蝕，崩落	植林	盛土は不適．基礎地盤として不適．
	崩落堆末端	小規模崩落	土留工	切取は不適．
地すべり地形	滑落崖	小規模滑落	段切で，植林	モルタル吹付工は無効であろう．
	地すべり堆	ガリー侵蝕	植林，水抜工，切取	両切は不適．
	地すべり堆末端	小規模地すべり・崩落	杭打ち工，押さえ盛土	切取は不適．
土石流堆		河川侵蝕	砂防堰堤	透し堰は無効．
河谷と谷壁（段丘崖を含む）	攻撃斜面	側刻に伴う崩落や流れ盤で地すべり	護岸工	攻撃斜面の基部を切り取らない．
	滑走斜面	とくにない	護岸工	とくにない．
	河床	4次谷以下では下刻，土砂流	砂防堰堤	透し堰は有効ではない．
河道閉塞部（天然ダム）	小規模	越流侵蝕→自然消滅	掘削排水，側刻防止工	河道閉塞を起した崩落堆・地すべり堆の末端に掘削では，再すべりに注意し，狭窄部を残さない．
	大規模	・急速な越流侵蝕→洪水→自然消滅 ・浸透流→急激破堤（消滅）→土石流	掘削排水，側刻防止工	

表4.2.2は，鈴木（2005）による地形種の安定化に関する地形工学的観点からの留意事項（予察）です。中越地域では地震から2年以上経過し，多くの災害復旧工事が行われています。主要道路の不通箇所もほとんどなくなり，旧山古志村にも多くの住民が戻って生活を再開しています。鈴木（2005）の指摘に基づき，どの地形種でどのような災害復旧工事が実施されたのか，検証すべきだと思います。

コラム 掘るまいか 手掘り中山隧道の記録

「掘るまいか　手掘り中山隧道の記録」（橋本信一監督）という映画を御存知でしょうか。どんな映画なのか，インターネットで検索してみてください。新潟県中越地震の1年前の平成15年（2003）の春に完成した16mm・83分の映画です。時々各地で上映会をやっていますので，ぜひご覧になってください。

裏表紙や問題の地形図－2（2006年更新・発行）で，小松倉集落の東側にある国道291号線の中山トンネルを見つけてください。問題の地形図－3（1991年測図）では，細い国道291号線とトンネルの記号，中山峠越えの徒歩道が見えます。問題の地形図－4（1911年測図）では，小松倉と水澤を結ぶ徒歩道だけが描かれています。これがこの映画の背景となる地形条件と生活空間です。この地帯は日本でも有数の豪雪地帯です。井上も昭和44年（1969）12月末に東頸城丘陵で卒論の現地調査を実施し，豪雪の中を松代から十日町まで必死に峠越えをしましたので，厳冬期の峠越えがどんなに大変か，ある程度は知っているつもりです。

写真は中山隧道（2004年11月井上撮影）の入口です。折り畳み椅子で坑口の大きさが分かると思います。右側にある看板には，「本隧道は，子々孫々の暮らしの安からんことを願い，我らのツルハシで掘り抜き，49年間村を支えてその役割を中山トンネルに引き継いだものである」と書かれています。

小松倉集落（63戸）には大きな店も医院もありませんでした。冬季になると完全に孤立し，徒歩で峠道を越えないと，買い物や医者に診断を仰ぐこともできません。病人を背中に負い，徒歩で峠越えをすることはどんなに大変なことだったでしょうか。

「妊婦が産気づいた時は男五人がかりで小出の病院に運んだ。一人が妊婦を背負い，二人が前から縄で引っ張り，二人が後から押した。体を冷やさないように妊婦に巻き付けた綿入れと布団が雪で水を含み，重さは増した。吹雪で一寸先も見えない中，夜を徹して運ぶこともあった。」（朝日新聞・新潟版，2000年12月23日）。

小松倉集落では有志41戸の共同出資で，昭和8年（1933）11月12日の「山の神の命日」に併せて，鍬立て式が行われました。全長502.8尺（実距離877m），幅4尺（1.2m），高さ6尺（1.8m）を農閑期にツルハシを唯一の開削道具として，4～5人を一組として掘り始めました。昭和18年（1943）には180間（324m）まで掘り進みましたが，戦争によって工事は中断されました。ツルハシ一つで1000mも掘る気になったのは，地山が比較的やわらかい新第三紀の泥岩・砂岩だったからでしょう。東山丘陵では，湧水の確保のため，多くの手掘りトンネルが掘られていました。

昭和22年（1947）に県費補助30％を取り付け，工事は再開されました。工事は2交替制から3交替制で通年施工となり，昭和24年（1949）5月1日に貫通しました。

その後，幅2m，高さ2.5mに拡幅する工事が徐々に進められました。昭和37年（1962）には県道に認定され，昭和56年（1981）には国道291号と公示されました。問題の地形図－3は，軽自動車（幅1.4m，高さ1.5mの道路規制）のみ通行可の道路トンネルだった頃の状況です。現在の中山トンネルは，平成5年（1995）2月に起工され，平成10年（1998）12月14日に2車線の立派な国道トンネルとして開通しています（問題の地形図－2には，この新しいトンネルだけが描かれているのですが，実は旧トンネルも実存します。なぜそのように描かれているのかわかりますか？）。

新潟県中越地震（2004）時に「新」中山トンネルは被災することはなく，国道291号線は東竹沢の天然ダム対策への補給路として重要な役割を果たしました。しかし，宇賀地橋地点の湛水や道路決壊箇所が多く，完全復旧したのは地震から2年後の平成18年（2006）9月3日でした。

紹介した映画は，橋本信一監督が地元民からインタビューしながら，地元民と一緒になり，豪雪の厳冬期に撮影した画像などをもとに制作したものです。橋本監督の映画撮影日誌①～⑩などによれば，撮影を開始した平成13年（2001）1月は16年ぶりの豪雪で，カメラが故障するなど豪雪の中の撮影は大変だったようです。

「小平尾」図幅の地形図読図・作図にあたっては，上記の地形・地質，気象条件とそこに住み続けている人達のことを考えながら作業を進めましょう。また，この映画を鑑賞するとともに，現地へ行き，実際に中山隧道を歩いてみてください。

4.3 芋川に形成された河道閉塞（天然ダム）

図2.7.1に，芋川の河床縦断面図と主な大規模土砂移動，河道閉塞地点を示しました（井上，2005c，e）。河道閉塞の背後には，天然ダムが最高水位になった場合の水位標高を示してあります。芋川の河床勾配は，魚野川合流地点で0.6％（魚野川本川0.3％），東竹沢地点で1.0％，寺野付近で3.5％です。その他の河道閉塞地点は塞止め高さが10m以下で，湛水量はあまり多くありません。しかし，融雪時には地すべり性崩壊現象が拡大し，河道閉塞の塞止め高さが高くなることが懸念されます。また，支流地域を含めて，新たに河道閉塞が起きる可能性があります。融雪時や豪雨時に，新たに支流で河道閉塞が起きた場合，本川よりも河床勾配が急であるため，決壊すると土石流が発生しやすく，注意が肝要です。

積雪が極めて多く大変な地域ですが，融雪時には現在の河道閉塞地点だけでなく広範囲にヘリコプターや現地調査などによる地表変動状況調査が必要になると思います。

北陸地方整備局のホームページで2004年12月まで毎日発表された記者発表『芋川流域の河道閉塞対応状況』などによれば，東竹沢の最高水位は2004年11月7日の157.76m（高さ31.5m，湛水量256万m^3），寺野は244.0m（高さ31.1m，湛水量38.8万m^3）でした。その後の北陸地方整備局・湯沢砂防事務所の懸命な排水対策によって，現在は水位をかなり低下させています。

今回の新潟県中越地震の天然ダムの形成に対しては，徐々に水位が上昇したため，様々な対応策を実施することができました。2004年は台風21号と23号で豪雨災害がありましたが，この間に新潟県中越地震が起こったらどうなったでしょうか。

中・上級編で説明した23事例のうち，天然ダムの事例は半分以上の13事例もありました。また，信濃川中・上流域には，事例11で説明したように，善光寺地震（1847年5月8日22時）によって，犀川右岸の岩倉山地区で，日本で最大の湛水量となった天然ダム（高さ65m，湛水量3.5億m^3）が形成されました。この天然ダムは犀川を長さ1000mもの区間で河道閉塞しました。井上（2007）によれば，16日後（1.38×10^6秒後，平均流入量254m^3/s）に満水となり，徐々に溢水し始めました。閉塞土砂を侵食するのに3日間を要し，19日後の5月27日16時（1.62×10^6秒後）に決壊して，段波状の洪水が犀川を流れ下り，長野市（善光寺平）などに多大の被害を与えました。

宝暦七年五月八日（1757年6月24日）の梅雨期の豪雨によって，信濃川水系梓川の左岸でトバタ崩れ（幅400m，長さ900m，最大崩壊深50m，崩壊土量600万m^{3}程度）が発生し，高さ150m，湛水量9800万m^{3}の天然ダムが形成されました（森・他，2007）。このダムは54時間後に決壊しましたが，決壊の情報が鉄砲などで下流に知らされたため，大きな人的被害は発生しませんでした。

青木湖（水深62m，湛水量2000万m^3）は，航空写真や現地調査により，3万年前頃，西側山地で大規模な地すべり性大崩壊が発生し，流出土砂が北側の河谷を閉塞して形成されたと判断されます（山下・他，1985，多・他，2000）。青木湖の北に分布する佐野坂山は西側の山地から大崩壊によって流出された移動土塊です。青木湖は現在も満々と水を湛えていますが，姫川の源流部の湧水と青木湖の水質は近似しており，青木湖の湖底と姫川の源流部の標高もほぼ同じです（島野・永井，1993）。

上記以外にも，長野県北部地域における天然ダムを調査してみると，19事例とかなり多いことがわかります（表4.3.1，森・他，2007）。1847年の善光寺地震に伴う天然ダムが7事例と多くありますが，それ以外に12事例も存在します。他の地域と比較するとかなり多発している地区のようです。フォッサマグナ西縁地帯であるという地質構造的背景があるためでしょうか。

中・上級編のコラム4でも説明したように，豪雨・火山噴火・地震を繰り返し受ける日本列島では，河道閉塞・天然ダムの事例は予想以上に多く発生しています（井上，2005a，b，d）。これらの事例の多くは集中豪雨時に発生しているため，1〜3日程度で天然ダムは満水となり，決壊して下流に大きな被害を与えています。当時の史料を読むと，崩壊地や湛水地の住民は尾根沿いの山道を通って，天然ダムが形成されたことを下流の住民に知らせに行っています。そして，鉄砲や大砲・狼煙などの通信手段を使って，決壊の発生と緊急避難すべきことを知らせています。現在では尾根を通る道は廃道となり徒歩でも通行できません。自動車道は，谷底や谷壁付近を通っていますが，大規模な天然ダムを形成するような地震・豪雨時には，道路沿いの小規模な崩壊でも道路は通行止めとなり，下流に天然ダムの情報を伝えられないことが想定されます。

四国や紀伊半島などの太平洋岸の地域では，南海・東南海・東海地震が数十年以内に発生することが想定されており，地震や豪雨によって，天然ダムが形成・決壊する可能性があります（井上・他，2005）。このような河道閉塞・天然ダムの形成・決壊・洪水流の流下などのメカニズムを把握し，突発的に発生した場合の対応策（ソフト・ハード対策

表4.3.1 長野県北部地域に形成された天然ダム（森・他，2007）

	天然ダム	形成時期	和暦	誘因	決壊時期
①	青木湖	3万年前			現存
②	鹿島川	1441		大雨	3日後
③	真那板山	1502?	文亀元年?	越佐地震	不明
④	清水山	1502?	文亀元年?	越佐地震	不明
⑤	トバタ崩れ	1757	宝暦七年	豪雨	54時間後
⑥	岩倉山	1847	弘化四年	善光寺地震	19日後
⑦	秋山郷切明	1847	弘化四年	善光寺地震	徐々に決壊
⑧	天水山	1847	弘化四年	善光寺地震	数日後
⑨	柳久保池	1847	弘化四年	善光寺地震	現存
⑩	五十里	1847	弘化四年	善光寺地震	16日後
⑪	祖室, 当信川	1847	弘化四年	善光寺地震	徐々に決壊
⑫	親沢, 裾花川	1847	弘化四年	善光寺地震	不明
⑬	ガラガラ沢	1891	明治24年	豪雨	徐々に決壊
⑭	稗田山	1911	明治44年	豪雨	3日後
⑮	大正池	1915	大正4年	噴火	現存
⑯	風張山	1939	昭和14年	雪解け洪水	徐々に減水
⑰	赤秃山	1967	昭和42年	雪解け洪水	101日後
⑱	小土山	1971	昭和46年	豪雨	徐々に減水
⑲	裾花川上流	1997	平成9年	雪解け洪水	決壊せず対策

を含めて）を事前に検討しておくべきでしょう。

4.4 中越地域の被害地震と土砂災害

中村・他（2000）『地震砂防』は，地震に起因した土砂災害について多くの事例を紹介しています。

田畑・他（2002）『天然ダムと災害』を出版してから5年になりますが，新潟県中越地震で河道閉塞（天然ダム）が多くの箇所で発生し，その対策が注目を浴びています。井上（2000，a～e）は新潟県中越地震だけでなく，天然ダム（河道閉塞）の事例を歴史文書で抽出し，航空写真と現地調査による確認調査を続けています。

新潟県中越地震によって，信濃川東部の丘陵性山地（東山丘陵）では，数多くの土砂移動現象が発生しました。このため，各地で河道閉塞を引き起こし，背後に多量の湛水（天然ダム）を抱え，人家や道路・田畑が冠水している地区が多く出現しました。また，今年から数年間の融雪時や梅雨・台風期に新たな土砂移動によって河道閉塞が発生して，天然ダムが形成されることが懸念されます。このような湛水を抱える河道閉塞区間の土砂が急激に決壊した場合，土石流や泥流，段波状の洪水が発生することが懸念されます。

図4.4.1は，中越地域周辺の活断層と主な地震の震央を示したものです。表4.4.1は，上記の地震による被害状況を示したものです。この地域に発生する地震と災害との関係がわかると思います。

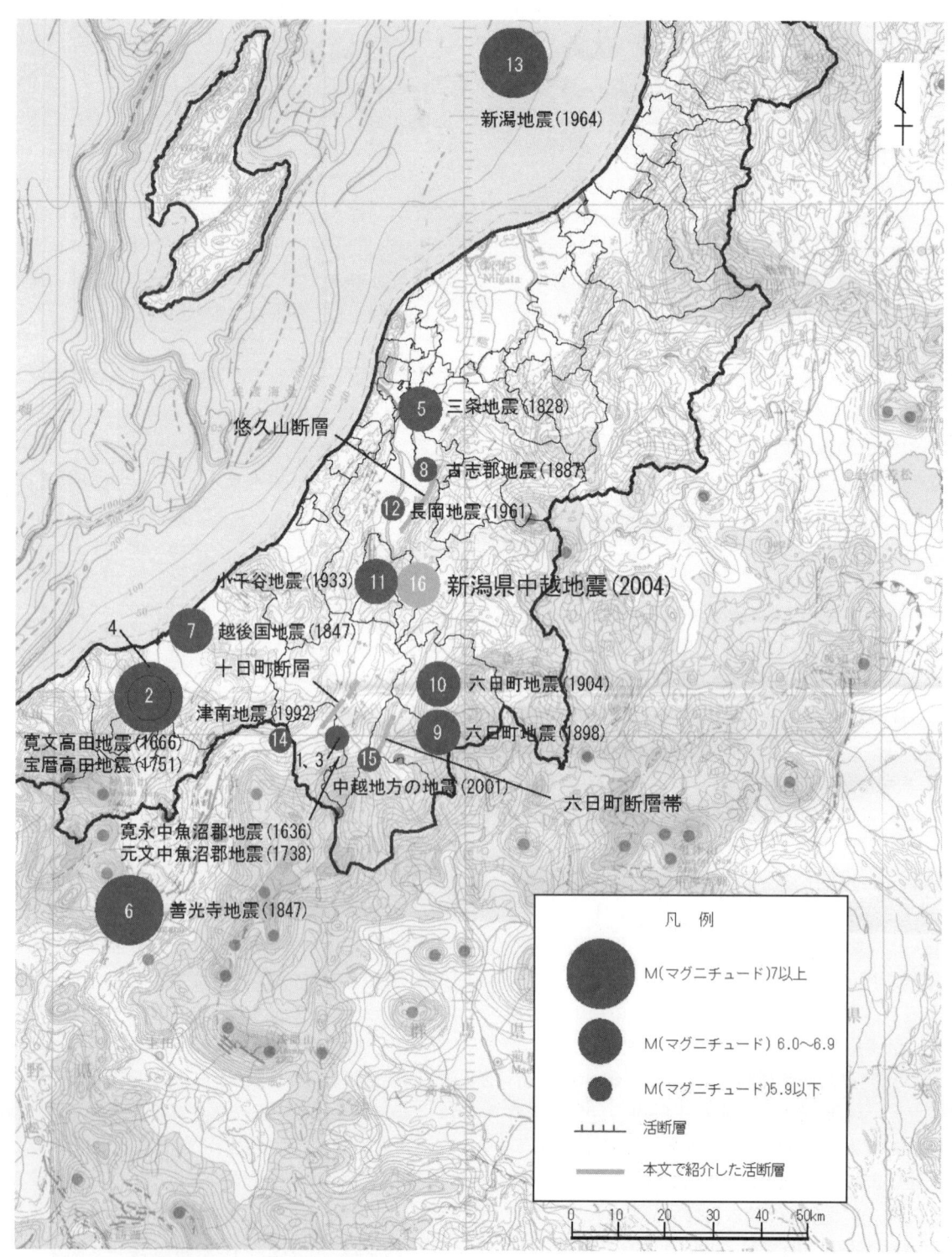

図4.4.1 中越地域周辺の活断層と主な地震の震央（国土交通省湯沢砂防工事事務所，2001，中越地震を追加）

表 4.4.1　中越地域の被害地震（国土交通省湯沢砂防工事事務所，2001，新潟県土木部砂防課，2005，中越地震を追加）

震央位置	西暦	和暦	地震名(通称)	マグニチュード	被害の概況
①	1636.12.3	寛永十三年十一月六日	寛永中魚沼郡地震	不明	津南町外丸の堅木山東斜面が崩壊し，崩壊土砂により田沢部落(3戸)を埋没させ，川を堰止め，さらに20日後，上流の鍋倉山南斜面が崩壊しこの土砂が堰止められていた天然ダムに流出し決壊。下流の原村全戸(8～9戸)が埋没。
②	1666.2.1	寛文五年十二月二十七日	寛文高田地震	M6.8	高田城の本丸，二の丸，三の丸が破損。侍屋敷700軒余が全・半壊。死者は1,400～1,500人。
③	1738.1.3	元文二年閏十一月十三日	元文中魚沼郡地震	M5(1/2)	津南町中深見(同地区の所平では現在も地すべり活動がある)では，屋敷が崩れ青泥が出た。
④	1751.5.21	寛延四年(宝暦元年)四月二十六日	宝暦高田地震	M7.0～7.4	名立崩れ(圧死者406人)をはじめ，上越海岸での土砂災害甚大。名立川上流では天然ダム形成。
⑤	1828.12.18	文政十一年十一月十二日	三条地震	M6.9	三条では全・半壊439戸，死者205人，燕で全壊269戸，死者221人。
⑥	1847.5.8	弘化四年三月二十四日	善光寺地震	M7.4	震源に近い松代領では，全壊9,550戸，半壊3,193戸，死者2,695人，負傷者2,289人，山崩れ41,051箇所などの甚大な被害であった。犀川右岸，虚空蔵山が崩れ川を堰止め，天然ダム形成。中津川上流の切明，千曲川左岸の天水山において大規模な崩壊が発生し，土砂は川を堰止めて天然ダム形成など，各地で土砂災害が多数発生した。
⑦	1847.5.13	弘化四年三月二十九日	越後国地震	M6.5	善光寺地震との被害区分が困難。頸城郡での被害が多かったようである。全・半壊や死傷者あり，地割れ，噴砂あり。高田家中全壊17戸，足軽長屋も残らず大破。
⑧	1887	明治20年7月22日	古志郡地震	M5.7	古志郡で土蔵の2/3が壁に亀裂，家屋の全・半壊あり，負傷者1人，地割れ100ヵ所余り。
⑨	1898	明治31年5月26日	六日町地震	M6.1	六日町で土蔵・家屋の壁の亀裂，墓碑の転倒，田畑の亀裂・噴砂。
⑩	1904	明治37年5月8日	六日町地震	M6.1	南魚沼郡五十沢村で家屋・土蔵の破損があり，道路の亀裂から青砂を噴出した。
⑪	1933	昭和8年10月4日	小千谷地震	M6.1	小千谷付近の川口，堀之内などで強く，屋根石の落下や壁の亀裂。
⑫	1961	昭和36年2月2日	長岡地震	M5.2	震度6の地域は径約3kmの狭い範囲の典型的な局部地震。被害域の中心から東へ約2km離れた長岡旧市内での被害はほとんどなかった。住家の2階が倒壊し，多くの死傷者を出した。
⑬	1964	昭和39年6月16日	新潟地震	M7.5	被害は新潟・山形を中心として9県に及んだ。住家全壊の多かったのは新潟市・村上市・中条町・水原町と山形県の酒田・鶴岡・遊佐・温海の各市町。神林村の塩谷部落では全戸数316の内全半壊152。断層は見つからなかったが，この地震の特徴として噴砂水があった。新潟市や酒田市などの低湿地から砂と水を噴き出し，砂が1mも堆積したところもあった。
⑭	1992	平成4年12月27日	津南地震	M4.5	気象官署で有感のところはなかった。しかし震源に近い津南町上郷を中心とした狭い地域(1km2くらい)で体育館の屋根が破損，家の窓ガラスの破損，壁のひびなどの家屋小破137件が発生した。
⑮	2001	平成13年1月4日	中越地方の地震	M5.1	震源地は塩沢町付近で，震源の深さは約20km。湯沢町・塩沢町・中里村・津南町・十日町市で震度5弱であった。塩沢町ではロッカーの下敷きになるなど二人が軽傷を負い，湯沢町のスキー場では小規模な雪崩が発生した。また，新幹線，関越道，北陸道，上信越道も一時通行止めになり，交通網も混乱した。
⑯	2004	平成16年10月23日	新潟県中越地震	M6.8	震源地は川口町付近で，震源の深さは約13km。最大震度7であった。避難者約10万人，住宅損壊約9万棟，被害額約3兆円を超える大規模災害となった。

震央の位置は図4.4.1を参照してください。
宇佐美龍夫(2003)最新版日本被害地震総覧,東大出版会等をもとに作成。

5　地形判読のための推薦図書

新井房夫編（1993）：火山灰考古学，古今書院，第4刷追記（2001）270p．2730円
荒牧重雄・白尾元理・長岡正利（1988）：理科年表読本，そらからみる日本の火山，丸善，220p．8652円
井上公夫（2006）：建設技術者のための土砂災害の地形判読実例問題　中・上級編，古今書院，142p．5040円
今村遼平（2006）：フィールドロジー，現場の知―現場での見方・考え方―，電気書院，357p．3990円
大石道夫（1985）：目でみる山地防災のための微地形判読，鹿島出版会，267p．5040円
貝塚爽平（1998）：発達史地形学，東京大学出版会，287p．3570円
鈴木隆介（1997）：建設技術者のための地形図読図入門，第1巻，古今書院，読図の基礎，p.1-200．3990円
鈴木隆介（1998）：建設技術者のための地形図読図入門，第2巻，古今書院，低地，p.201-554．5460円
鈴木隆介（2000）：建設技術者のための地形図読図入門，第3巻，古今書院，段丘・丘陵・山地，p.555-942．5670円
鈴木隆介（2004）：建設技術者のための地形図読図入門，第4巻，古今書院，火山・変動地形と応用読図，p.944-1322．5670円
田畑茂清・水山高久・井上公夫（2002）：天然ダムと災害，古今書院，カラー8p．白黒206p．5460円
千木良雅弘（1998）：災害地質学入門，近未来社，207p．2500円
千葉達朗（2006）：活火山活断層赤色立体地図でみる日本の凹凸，技術評論社，136p．1974円
中村浩之・土屋智・井上公夫・石川芳治（2000）：地震砂防，古今書院，カラー16p．白黒191p．5460円
日本応用地質学会（1999）：斜面地質学，―その研究動向と今後の展望―，古今書院，295p．4935円
日本応用地質学会応用地形学研究小委員会編集（2006）：応用地形セミナー空中写真判読演習，古今書院，217p．4935円
日本火山学会編（1984）：空中写真による日本の火山地形，東京大学出版会，193p．6300円
日本地図センター（2007）：地図中心，特集防災に役立つ国土地理院の地図，2007年1月号（412号），p.3-23．480円
ハザードマップ編集小委員会編著（2005）：ハザードマップ―その作成と利用―，日本測量協会，238p．3000円
町田洋・白尾元理『写真でみる火山の自然史』，東京大学出版会，205p．4750円
松村和樹・中筋章人・井上公夫（1988）：土砂災害調査マニュアル，鹿島出版会，254p．4120円
めざせフィールドの達人編集委員会編著（2003）：めざせフィールドの達人，―地質調査秘伝の書―，フィールドの達人刊行会，245p．2000円
めざせフィールドの達人編集委員会編著（2005）：土木地質の秘伝97〜めざせ！フィールドの達人〜，フィールドの達人刊行会，316p．2310円
白鳥敬（2006）：Google Earth 徹底活用法，Ver.4，日本語対応版，日本実業出版，143p．1365円
渡辺満久・鈴木康弘（1999）：活断層地形判読―空中写真による活断層の認定―，古今書院，184p．(CD-ROM付)，4625円

参考文献一覧

ここで取り上げた参考文献は，紹介した事例を調査するために，旅先の旅館や交通機関の中で読み参考にしたものと，筆者が外部に発表したものをまとめたものです。これらの文献にはそれぞれ色々な思い出があります。地形判読をするためには，その地域の地名や歴史，人文・自然地理的特性を知る必要があります。また，先人の調査・研究事例をできるだけ多く収集・整理し，それらの成果を吸収した上で，新たな着想のもとに調査計画を立てる必要があります。鈴木先生の『建設技術者のための地形図読図入門，第1〜4巻』に掲載されている事例も比較のため，掲載しました。

これらの文献は，これから色々な土砂災害事例を調査する際にも役立つと思います。新潟県中越地震については，地形関係の文献を可能な限り集めました。

中・上級編の引用・参考文献一覧も参考にして下さい。

地形判読・災害一般

荒井健一・鈴木雄介・千葉達朗・吉村昌弘・渡辺敬之・丸楠暢男（2006）：全国火山噴火危険度マップの作成，〜九州地方をモデルとして〜，日本地球惑星科学連合2006年大会，V101-P028
荒川秀俊・宇佐美龍夫（1985）：災害，日本史小百科，No.22，近藤出版，350p．
荒牧重雄（2005）：日本のハザードマップと防災，月刊地球，27巻4号，p.247-252．
荒牧重雄・白尾元理・長岡正利（1988）：理科年表読本，そらからみる日本の火山，丸善，220p．
安間荘（1987）：事例からみた地震による大規模崩壊とその予測手法に関する研究，東海大学学位論文，205p．
池谷浩（1974）：砂防入門，―土砂災害を防ぐために―，山海堂，113p．
池谷浩（1980）：土石流対策のための土石流災害調査法，山海堂，196p．
池谷浩（2001）：現場技術者のための砂防・地すべり・がけ崩れ・雪崩防止工事ポケットブック，山海堂，380p．
池谷浩（2003）：火山災害，―人と火山の共存をめざして―，中公新書，209p．
池谷浩（2004）：土石流災害，岩波新書，221p．
池谷浩（2006）：「マツ」の話，―防災からみた一つの日本史―，五月書房，214p．
伊藤和明（1977）：地震と火山の災害史，同文書院，284p．
稲垣秀雄・小坂英輝・大久保拓郎（2006）：四国，中央構造線沿いの地すべりの発生と安定化，第45回日本地すべり学会研究発表会，1-09，p.55-58．
井上公夫（1971）：東頸城丘陵東部松之山町の地すべり地形，昭和45年度東京都立大学理学部地理学科卒論
井上公夫（1993）：地形発達史からみた大規模土砂移動に関する研究，京都大学農学部学位論文，269p．
井上公夫（1995）：応用地形学と防災調査，「自然環境論の窓から」，門村浩教授退職記念出版事業会編，p.111-130．
井上公夫（2005）：国連防災世界会議と第9回震災対策技術展，測量，2005年3月号，p.65．
井上公夫（2006 a）：建設技術者のための土砂災害の地形判読　実例問題　中・上級編，古今書院，p.142．
井上公夫（2006 b）：第5章1節　頻発する土砂災害と洪水，中央防災会議「災害教訓の継承に関する専門調査会」編『1707富士山宝永噴火』報告書，p.124-146．
井上公夫（2006 c）：空中写真による地すべり地形の判読，社団法人日本地すべり学会関西支部講習会，35p．
井上公夫・伊藤和明（2006）：第3章1節　土砂災害，内閣府中央防災会議「災害教訓の継承に関する専門調査会」編『1923関東大震災』報告書，第1編，p.50-79．
井上公夫・南哲行・安江朝光（1986）：天然ダムによる被災事例の収集と統計的分析，昭和62年度砂防学会研究発表会講演集，

p.238-241.

井上公夫・深沢浩・高野繁昭・今村隆正・石川芳治・小山内信智・阿部宗平・高浜淳一郎（1996）：地震に起因した土砂移動の事例調査，平成8年度砂防学会研究発表会概要集，p.277-278.

井上公夫・森俊勇・伊藤達平・我部山佳久（2005）：1892年に四国東部で発生した高磯山と保勢の天然ダムの決壊と災害，砂防学会誌，58巻4号，p.4-13.

井口隆（1988）：日本における火山体の山体崩壊・岩屑流，―磐梯山・鳥海山・岩手山の事例研究―，国立防災科学技術センター研究報告，41号，p.163-275.

井口隆（1989）：八ヶ岳における火山体の山体崩壊・岩屑流，―日本における火山体の山体崩壊・岩屑流（その2）―，国立防災科学技術センター研究報告，43号，p.169-221.

井口隆（2003）：わが国の火山地域における地すべり災害研究の概要と今後の課題，日本地すべり学会誌，42巻5号，p.29-40.

井口隆（2005）：地震による土砂災害の実態と防災対策，地震ジャーナル，地震予知総合研究振興会，39号，p.37-46.

井口隆（2006）：日本の第四紀火山で生じた山体崩壊・岩屑なだれの特徴，―発生状況・規模と運動形態・崩壊地形・流動堆積状況・発生原因について―，日本地すべり学会誌，42巻5号，p.29-40.

今村遼平（2006）：フィールドロジー，現場の知―現場での見方・考え方―，電気書院，357p.

Wilson R. C. & Keefer D. K. (1985): Predicting areal limits of earthquake-induced landsliding. : Ziony J. I. (1985): Evaluating Earthquake Hazards in the Los Angeles Regions. U.S. Geological Survey Professional Paper, No.1360, p.317-343.

上野将司（2001）：地すべり地形の現状と規模を規制する地形・地質要因の検討，地すべり，38巻2号，p.1-10.

宇佐美龍夫（1987）：新編日本被害地震総覧，東京大学出版会，435p.

宇佐美龍夫（1994）：風信雲書，―古希を迎えて・私の地震防災―，458p.

宇佐美龍夫（2003）：最新版日本被害地震総覧，416-2001，東京大学出版会，695p.

大石道夫（1974-81）：空中写真シリーズ，No.1～27，新砂防，27巻1号～33巻3号

大石道夫（1979）：微地形調査と砂防計画，第12回砂防学会シンポジウム概要集，p.19-28.

大石道夫（1985）：目でみる山地防災のための微地形判読，鹿島出版会，267p.

大石道夫（1990）：扇状地の流路工計画に関する微地形学的研究，京都大学農学部学位論文，308p.

大石道夫（1994）：微地形から砂防計画へ，新砂防，47巻3号，p.1-2.

大石道夫（1999）：新たな砂防調査・計画の基本的な考え方，新砂防，52巻2号，p.1-3.

大石道夫（2004a）：地形から出発する砂防（1），メディア砂防，244号（2004年7月号），p.32-33.

大石道夫（2004b）：地形から出発する砂防（2），メディア砂防，245号（2004年8月号），p.32-33.

大石道夫（2004c）：地形から出発する砂防（3），メディア砂防，246号（2004年9月号），p.32-33.

大石道夫・皆川真（1961）：砂防調査における地形調査試案1,2,3，新砂防，18巻4号，p.24-31，19巻2号，p.18-25，3号，p.29-35.

大石道夫・皆川真（1971）：新砂防における地形解析―高度頻度曲線による侵食ステージの表現―，新砂防，24巻2号，p.14-24.

太田岳洋・八戸昭一（2006）：数値地形モデルによる地形計測の現状と応用例，応用地質，46巻6号，347-359.

太田陽子（1999）：『変動地形を探る』―日本列島の海成段丘と活断層の調査から―，古今書院，206p.

太田陽子・渡辺満久・鈴木郁夫・鈴木康弘・澤祥・谷口薫・尾崎陽子・十日町断層研究グループ（1998a）：十日町盆地東部における新たな活断層の認定と十日町断層の再定義，地球惑星科学関連学会1998年合同大会予稿集，p.316.

太田陽子・渡辺満久・鈴木郁夫・鈴木康弘・澤祥・谷口薫・尾崎陽子・十日町断層研究グループ（1998b）：トレンチ調査からみた新潟県南部，十日町断層の性質と活動期，地球惑星科学関連学会1998年合同大会予稿集，p.316-317.

大矢雅彦・丸山裕一・海津正倫・春山成子・平井幸弘・熊木洋太・長澤良太・杉浦正美・久保純子・岩橋純子（1998）：地形分類図の読み方・作り方，古今書院，120p.

大八木則夫（2004）：分類／地すべり現象の定義と分類，地すべり―地形地質的認識と用語―，地すべりに関する地形地質用語委員会編，（社）日本地すべり学会誌，p.3-15.

大八木規夫（2000-06）：地すべり地形の判読，1～18，Fukadaken News，①，51号，p.7-22，②，53号，p.5-20，③，55号，p.5-20，④，57号，p.9-24，⑤，59号，p.5-20，⑥，62号，p.7-22，⑦，64号，p.9-24，⑧，66号，p.9-24，⑨，68号，p.9-22，⑩，70号，p.7-22，⑪，72号，p.9-20，⑫，76号，p.7-22，⑬，78号，p.5-20，⑭，80号，p.5-20，⑮，82号，p.9-24，⑯，83号，p.5-20，⑰，85号，p.5-12，⑱，88号，p.9-20.

貝塚爽平（1964）：東京の自然史，紀伊国屋新書，C-8，187p.

貝塚爽平（1983）：空からみる日本の地形，岩波グラフィックス14，81p.

貝塚爽平（1998）：発達史地形学，東京大学出版会，287p.

貝塚爽平・小池一之・遠藤邦彦・山崎晴雄・鈴木毅彦（2000）：日本の地形4 関東・伊豆小笠原，東京大学出版会，p.351.

籠瀬良明（1968）：標準読図と作業，古今書院，44p.

籠瀬良明（1984）：改訂増補 地図読解入門，古今書院，127p.

活断層研究会編（1991）：［新編］日本の活断層，―分布図と資料―，東京大学出版会，437p.

活断層研究会編（1992）：日本の活断層図，［地図と解説］，東京大学出版会，75p.

金折祐司（1994）：断層列島，―動く断層と地震のメカニズム―，近未来社，232p.

菊地万雄（1980）：日本の歴史災害，―江戸時代後期の寺院過去帳による災害―，大明堂，435p.

菊地万雄（1986）：日本の歴史災害，―明治編―，古今書院，396p.

気象庁（1983）：被害地震の表と震度分布図，470p.

気象庁（1991作成，1996発行）：日本活火山総覧（第2版），501p.

気象庁（2005）：日本活火山総覧（第3版），636p.

北原糸子（2006）：最近の災害史研究から，―世界と日本―，京都歴史災害研究，5号，p.11-20.

北原糸子編（2006）：日本災害史，吉川弘文館，447p．索引16p.

木全令子・宮城豊彦（1985）：地すべり地を構成する基本単位地形，地すべり，21巻4号，p.1-9.

Keefer D. K. (1984): Landslides caused by earthquakes. Geological Society of American Bulletin, Vol.95, p.406-421.

Keefer D. K. (1994): The importance of earthquake-induced landslides to long-term slope erosion and slope-failure hazards in seismically active regions. Geomorphology, Vol.10, p.265-284.

熊木洋太・今給黎哲郎（2003）：日本の位置表示法の変更，第四紀研究，42巻，1号，p.49-53.

建設省河川局監修，社団法人日本河川協会編（1976，改訂1986，改訂新版1997）：建設省河川砂防技術基準（案）同解説・計画編，山海堂，223p.

建設省河川局監修，社団法人日本河川協会編（1976，改訂1977，二訂1986，改訂新版1997）：建設省河川砂防技術基準（案）同解説・調査編，山海堂，593p.

建設省国土地理院編（1984）：地形図集，―黎明期の地形図より現在の地形図まで―，国土地理院技術資料C・1-No.132，（財）日本地図センター，234p.

建設省砂防部（1995）：地震と土砂災害，（財）砂防・地すべり技術センター，砂防広報センター，61p.

幸田文（1994）：崩れ，講談社文庫，こ41，207p.

小出博（1973）：日本の国土，―自然と開発―，東京大学出版会，上，287p.，下，556p.

小松原琢・西山昭仁（2006）：歴史資料を活用した古地震・歴史地震の研究，地球科学，60巻，p.253-261.

国土交通省河川局監修，社団法人日本河川協会編（2005）：国土交通省河川砂防技術基準同解説・計画編，山海堂，231p.

斉藤享治（1988）：日本の扇状地，古今書院，280p.

斉藤享治（2006）：世界の扇状地，古今書院，300p.

佐藤照子・堀田弥生・鵜川元雄・中村洋一・荒牧重雄（2006）：日本で公表された火山ハザードマップ集，―DVDでの収録とWEB公開―，日本地球惑星科学連合2006年大会，V101-014

佐々木寿・向山栄（2004）：航空機レーザスキャナDEMを用いた傾斜量の検討，日本応用地質学会平成16年度研究発表会論文集，p.337-340

佐々木寿・向山栄（2007）：地形判読を支援するELSAMAPの開発，先端測量技術，第93号，p.8-16.

砂防学会編（2004）：改訂砂防用語集，山海堂，432p.

寒川旭（1992a）：地震考古学の成果と展望，歴史地震，9号，p.1-8.

寒川旭（1992b）：地震考古学，中公新書，251p.

地すべりに関する地形地質用語委員会編（2004）：地すべり，―地形地質的認識と用語―，（社）日本地すべり学会，320p.

Jibson R. W. (1993): Predicting Earthquake-Induced Landslide Displacements Using Newmark's Sliding Block Analysis. Transportation Research Record, Vol.1411, p.9-17.

Jibson R. W. & Keefer R. K. (1993): Analysis of the seismic origin

of landslide: Examples from the New Madrid seismic zone. Geological Society of American Bulletin, Vol.105, p.521-536.
社団法人全国治水砂防協会（2006）：第4回土砂災害に対する警戒・避難のためのゼミナール（テキスト），59p.
杉山実・徳永博・井上公夫・中西敏夫・村松広久・吉田宇男（2006）：地震観測データ活用による崩壊検知・予知の可能性，第45回日本地すべり学会研究発表会，1-31，p.111-112.
鈴木隆介（1997）：建設技術者のための地形図読図入門，第1巻，読図の基礎，古今書院，p.1-200.
鈴木隆介（1998）：建設技術者のための地形図読図入門，第2巻，低地，古今書院，p.201-554.
鈴木隆介（2000）：建設技術者のための地形図読図入門，第3巻，段丘・丘陵・山地，古今書院，p.555-942.
鈴木隆介（2004）：建設技術者のための地形図読図入門，第4巻，火山・変動地形と応用読図，古今書院，p.944-1322.
Strahler, A. N. (1952): Dynamic basis of geomorphology: Bull, Geol. Soc. Amer. 63. p.923-938.
(社) 全国治水砂防協会（1981）：日本砂防史，1368p.
(社) 全国防災協会（1981）：語り継ぐ災害の体験，―安全への祈りをこめて―，山海堂，430p.
総合研究開発機構（NIRA, 1988）：東京圏丘陵地の防災アセスメント，―宅地災害カタログ―，㈱地域開発コンサルタンツ，NIRA研究叢書，NO.880016，141p.
髙橋保（2006）：地質・砂防・土木技術者／研究者のための土砂流出現象と土砂災害対策，近未来社，421p.
田中耕平（1992）：地震によるランドスライド発生予測図，―その現状と問題点―，地すべり，19巻2号，p.12-19.
田中耕平（1996）：地震による土砂災害事例研究，第1回防災科学研究会テキスト別刷，国立防災科学技術センター，p.19-82.
田村俊和（1978）：地震により表層崩落型崩壊が発生する範囲について，地理学評論，51巻8号，p.662-672.
田畑茂清・水山高久・井上公夫（2002）：天然ダムと災害，古今書院，カラー8p.，白黒206p.
千木良雅弘（1998）：災害地質学入門，近未来社，207p.
地学団体研究会編（1996）：新編地学事典，平凡社，1443p.
千葉達朗（2005）：赤色立体地図による新たな地形解析の展開，平成17年度特別講演およびシンポジウム予稿集，日本応用地質学会，p.20-29.
千葉達朗（2006）：活火山活断層赤色立体地図でみる日本の凹凸，技術評論社，p.136.
千葉達朗・鈴木雄介（2004）：赤色立体地図―新しい地形表現手法―，応用測量論文集，15号，p.81-89.
寺田寅彦（1948）：寺田寅彦随筆集，岩波書店（初出：朝日新聞，1934）
中田高・今泉俊文（2005）：日本の活断層地図，関東甲信越（静岡・福島・仙台・山形）活断層地図，人文社，解説書，32p.
中田高・今泉俊文（2005）：日本の活断層地図，中部・近畿・中国・四国・九州，人文社，解説書，32p.
中田高・岡田篤正（1990）：活断層詳細図（ストリップマップ）の作成の目的と作成基準について，活断層研究，8号，p.59-70.
中村三郎編著（1996）：地すべり研究の発展と未来，大明堂，357p.
中村浩之・土屋智・井上公夫・石川芳治（2000）：地震砂防，古今書院，カラー16p.，白黒191p.
中村洋一（2005）：データベースからみた日本の活火山ハザードマップ，月刊地球，27巻4号，p.253-257.
中村洋一・荒牧重雄・佐藤照子・堀田弥生・鵜川元雄（2006）：日本の火山ハザードマップ集，防災科学技術研究所研究資料，292号，20p. CD-ROM付
西本晴男（2006）：土石流に関する表現方法の変遷についての一考察，砂防学会誌，59巻1号，p.39-48.
日本応用地質学会（1999）：斜面地質学，―その研究動向と今後の展望―，古今書院，295p.
日本応用地質学会応用地形学研究小委員会編集（2006）：応用地形セミナー空中写真判読演習，古今書院，217p.
日本火山学会編（1984）：空中写真による日本の火山地形，東京大学出版会，193p.
日本国際地図学会編（1998）：地図学用語事典増補改訂版，技報堂出版，p.133, p.209, p.375.
日本地図センター編（1997）：地図と測量のQ&A（改訂版），p.23, p.63.
日本地図センター（2006 a）：地図記号400，48p.
日本地図センター（2006 b）：地図力かこもん，地図力検定試験過去問題集，126p.
ハザードマップ編集小委員会編著（2005）：ハザードマップ―その作成と利用―，日本測量協会，238p.
古谷尊彦・奥西一夫・石井孝行・藤田崇・奥田節夫（1984）：地震に伴う歴史的大崩壊の地形解析，京大防災研年報，27-B号，p.387-396.
松村和樹・中筋章人・井上公夫（1988）：土砂災害調査マニュアル，鹿島出版会，254p.
町田洋（1967）：荒廃山地における崩壊の規模と反復性についての一考察，水理科学，55号，p.31-53.
町田洋（1977）：火山灰は語る，蒼樹書房，249p.
町田洋（1984）：巨大崩壊，岩屑流と河床変動，地形，5巻，p.155-178.
町田洋・新井房夫（1992,2003）：新編　火山灰アトラス―日本列島とその周辺，337p.
町田洋・白尾元理『写真でみる火山の自然史』，東京大学出版会，205p.
町田洋・古谷尊彦・中村三郎・守屋以智雄（1987）：日本の巨大山地崩壊，文部省科学研究費自然災害特別研究（1），報告書「崩災の規模，様式，発生規模とそれに係わる山体地下水の動態」，p.165-182.
町田洋・松田時彦・海津正倫・小泉武栄（2006）：日本の地形5，中部，東京大学出版会，587p.
松村和樹・中筋章人・井上公夫（1988）：土砂災害調査マニュアル，鹿島出版会，267p.
水山高久・里深好文（2006）：天然ダムの決壊過程とピーク流量の推定，平成18年度砂防地すべり技術研究成果報告会，発表論文集，財団法人砂防・地すべり技術センター，p.1-25.
宮村忠（1974-76）：山地災害，Ⅰ～Ⅴ，水理科学，17巻6号，p.100-128., 18巻3号，p.84-113., 5号，p.34-48., 19巻2号，p.74-102., 6号，p.56-74.
向山栄・佐々木寿（2007）：新しい地形情報図　ELSAMAP，地図，45巻1号，p.47-56.
村上処直・伊藤和明（1984）：地震と人，―その破壊の実態と対策―，同文書院，232p.
めざせフィールドの達人編集委員会編著（2003）：めざせフィールドの達人，―地質調査　秘伝の書―，フィールドの達人刊行会，245p.
めざせフィールドの達人編集委員会編著（2005）：土木地質の秘伝97～めざせ！フィールドの達人～，316p.
守屋以智雄（1979）：日本の第四紀火山の地形発達と分類，地理学評論，52巻，p.479-501.
守屋以智雄（1979）：日本の火山地形，東京大学出版会，135p.
森脇寛・八反地剛（2002）：5万分の1地すべり地形分布図を用いた地すべり地形解析，地すべり，39巻2号，p.54-62.
矢野義男（2000）：砂防のこころ，矢野義男追悼著作選，(社) 全国治水砂防協会，434p.
山口伊佐夫・川辺洋（1982）：地震による山地災害の特性，新砂防，35巻2号，p.3-15.
立命館大学・神奈川大学21世紀COEジョイントワークショップ（2006）：歴史災害と都市―京都・東京を中心に―，32p.
横山俊二（1999）：斜面変動発達史にみる素因と誘因の関係，日本応用地質学会―その研究動向と今後の展望，p.50-51.
龍道真一（2001）：伊能忠敬　子午線への一万里，廣済堂文庫，408p.
渡辺光（1961）：自然地理・応用地理第1巻，古今書院，384p.

新刊紹介
井上公夫（1992）：新刊紹介，萩原進編『浅間山天明噴火史料集成』，第1-5巻，第四紀研究，31巻2号，p.121.
井上公夫（1998）：新刊紹介，町田洋・白尾元理『写真でみる火山の自然史』，東京大学出版会，砂防学会誌，51巻2号，p.75.
井上公夫（2001）：新刊紹介，貝塚爽平・小池一之・遠藤邦彦・山崎晴雄・鈴木毅彦編『日本の地形4　関東・伊豆小笠原』，東京大学出版会，砂防学会誌，53巻5号，p.72.
井上公夫（2002）：新刊紹介，藤田崇編著『地すべりと地質学』，古今書院，砂防学会誌，55巻3号，p.81.
井上公夫（2004 a）：新刊紹介，今村遼平著『技術者の倫理，―信頼されるエンジニアをめざして―』，鹿島出版会，砂防学会誌，56巻6号，p.47.
井上公夫（2004 b）：書評・B.W.ピプキン・D.D.トレント著，佐藤正・千木良雅弘監修，全国地質調査業協会連合会環境地質翻訳委員会訳「シリーズ　環境と地質」，古今書院，地すべり40巻6号，p.72
井上公夫（2004 c）：新刊紹介，鈴木隆介著『建設技術者のための地形図入門，第4巻，―火山・変動地形と応用読図―』，古今書院，砂防学会誌，57巻1号，p.68.
井上公夫（2006 a）：新刊紹介，若松和寿江・久保純子・松岡昌志・長谷川浩一・杉浦正美著『日本の地形・地盤デジタルマップ』，東京大学出版会，砂防学会誌，58巻6号，p.50.
井上公夫（2006 b）：新刊紹介，町田洋・松田時彦・海津正倫・小泉武栄編『日本の地形5，中部』，東京大学出版会，砂防学会誌，59巻3号，p.57.

井上公夫（2007 a）：新刊紹介，北原糸子編『日本災害史』，吉川弘文館，砂防学会誌，59巻5号，p.80.

井上公夫（2007 b）：書架，今村遼平著『フィールドロジー（現場の知），現場での見方・考え方』，電気書院，地理，52巻掲載予定

井上公夫（2007 c）：新刊紹介，藤田崇・諏訪浩編『シリーズ日本の歴史災害6　昭和二八年有田川水害』，古今書院，砂防学会誌，59巻6号，p.69.

石川芳治（2002）：新刊紹介，田端茂清・水山隆久・井上公夫著『天然ダムと災害』，古今書院，砂防学会誌，55巻3号，p.80.

石川芳治（2005）：新刊紹介，ハザードマップ編集小委員会編著『ハザードマップ，―その作成と利用―』，社団法人日本測量協会，砂防学会誌，58巻2号，p.80.

石川芳治（2006）：新刊紹介，井上公夫著『建設技術者のための土砂災害の地形判読　実例問題　中・上級編』，古今書院，砂防学会誌，59巻3号，p.58.

小松原琢（2006）：書評，井上公夫著『建設技術者のための土砂災害の地形判読　実例問題　中・上級編』，古今書院，地質ニュース，625号（2006年9月号），p.66-67.

小森次郎（2002）：書評，田畑茂清・水山高久・井上公夫著『天然ダムと災害』，地学雑誌，111巻6号，p.923-924.

林拙郎（2000）：新刊紹介，社団法人砂防学会地震砂防研究会，中村浩之・土屋智・井上公夫・石川芳治編『地震砂防』，古今書院，砂防学会誌，52巻6号，p.85.

桧垣大助（2007）：書評，井上公夫著『建設技術者のための土砂災害の地形判読　実例問題　中・上級編』，古今書院，地形，28巻1号，74-75p.

若井明彦（2006）：書評，井上公夫著『建設技術者のための土砂災害の地形判読　実例問題　中・上級編』，古今書院，地すべり，43巻4号，59p.

新潟県中越地震関係

赤羽貞幸・井上公夫（2007）：第1章3節，土砂災害，内閣府中央防災会議「災害教訓の継承に関する専門調査会」編『1847善光寺地震』報告書．

阿部信行（2005）：衛星データで中越震災を解析，新潟大学・中越地震新潟大学調査団，新潟県連続災害の検証と復興への視点，p.171-175.

池田伸俊・堀松崇・田村尚（2005）：新潟県中越地震による地すべり対策施設の被災状況，新潟県中越地震と地すべり―その1災害調査報告会―，日本地すべり学会新潟支部，p.28-33.

伊藤克己・三膳紀夫・酒井順（2006）：新潟県中越地震により発生した小千谷市横渡地区における岩盤地すべりについて，第45回日本地すべり学会研究発表会，1-30，p.163-164.

井上公夫（1971）：東頚城丘陵東部松之山町の地すべり地形，昭和45年度東京都立大学卒論

井上公夫（1998）：北陸地方における地震などに起因した大規模土砂移動の事例紹介，北陸の建設技術，p.2-11.

井上公夫（2005 a）：中越地方で地震に関連して発生した江戸時代以降の土砂災害，（社）砂防学会中越地震土砂災害調査団報告会，p.11-16.

井上公夫（2005 b）：河道閉塞による湛水（天然ダム）の表現の変遷，地理，50巻2号，p.7-12.

井上公夫（2005 c）：中越地震と河道閉塞による湛水（天然ダム），測量，2005年2月号，p.7-10.

井上公夫（2005 d）：中越地方で地震に関連して発生した歴史時代の土砂災害，平成17年度砂防学会研究発表会概要集，p.354-455.

井上公夫（2005 e）：天然ダム（河道閉塞）の形成と決壊による災害，日本応用地質学会平成17年度特別講演およびシンポジウム予稿集，p.35-42.

井上公夫（2006）：新潟県中越地震と河道閉塞（天然ダム），全測連，2006年新年号，p.13-17.

井上公夫（2007）：第1章4節　天然ダムの形成と決壊洪水，内閣府中央防災会議「災害教訓の継承に関する専門調査会」編『1847善光寺地震』報告書．

井上公夫・今村隆正（1999）：高田地震（1751）と上越海岸の土砂災害，平成11年度砂防学会研究発表会概要集，p.290-291.

井上公夫・今村隆正（1999）：高田地震（1751）と伊賀上野地震による土砂移動，歴史地震，15号，p.82-97.

岩下享平・小林健太・豊島剛志・構造地質学研究チーム（2005）：2004年新潟県中越地震に伴う小千谷市街地周辺の地盤変状，新潟大学・中越地震新潟大学調査団，新潟県連続災害の検証と復興への視点，p.42-49.

上野将司（2005）：新潟県中越地震により発生した斜面変動に関する地質工学的検討，日本応用地質学会平成17年度特別講演およびシンポジウム予稿集，p.30-34.

鵜飼恵三・尾上篤生・若井明彦・樋口邦弘（2005）：新潟県中越地震により発生した斜面崩壊の特徴と考察，日本地すべり学会・日本応用地質学会平成16年新潟県中越地震災害調査報告会講演集，p.30-36.

宇佐美龍夫（1987, 96）：新編日本被害地震総覧，増補改訂版416-1995，東京大学出版会，434p.

卯田強・平松由紀子・東慎治（2005）：新潟平野～信濃川構造帯の地震と活断層，新潟大学・中越地震新潟大学調査団，新潟県連続災害の検証と復興への視点，p.32-41.

内山庄一郎・大八木規夫・井口隆（2006）：2004年中越地震による斜面変動分布図のデジタル化，第45回日本地すべり学会研究発表会，1-30，p.107-110.

宇根寛・熊木洋太（2005）：災害地理情報の緊急提供，特集新潟県中越地震，地理，50巻6号，p.74-78.

応用地質㈱（2004）：平成16年（2004年）新潟県中越地震被害調査速報．

多里英・公文富士夫・小林舞子・酒井潤一（2000）：長野県北西部，青木湖の成因と周辺の最上部第四紀層，第四紀研究，39巻1号，p.1-13.

大熊孝（2005）：2004.7.13新潟水害から治水のあり方を考える，新潟大学・中越地震新潟大学調査団，新潟県連続災害の検証と復興への視点，p.1-8.

小野田敏・高山陶子・鈴木雄介・岩崎重明・千葉達朗（2006）：レーザーDEM等を利用した地すべり地形の把握，第45回日本地すべり学会研究発表会，1-34，p.119-120.

Ota, Y.(1969): Crustal movements in the late Quaternary considered from the deformed terrace plain in northeastern Japan, Japan Jour. Geol. Geogr.,40, p.41-61.

太田陽子・鈴木郁夫（1979）：信濃川下流地域における活褶曲の資料，地理学評論，52巻，p.592-601.

太田陽子・鈴木郁夫（2006）：(3) 信濃川の谷，町田洋・松田時彦・海津正倫・小泉武栄『日本の地形5　中部』，p.135-140.

太田陽子・佐々木栄一・伊倉久美子（2005）：笹山遺跡付近の地形環境，新潟県十日町教育委員会編『笹山遺跡確認調査報告書』，p.22-27.

太田陽子・渡辺満久・鈴木郁夫・鈴木康弘・澤祥・谷口薫・尾崎陽子・十日町断層研究グループ（1998 a）：十日町盆地東部における新たな活断層の認定と十日町断層の再定義，地球惑星科学関連学会1998年合同大会予稿集，p.316.

太田陽子・渡辺満久・鈴木郁夫・鈴木康弘・澤祥・谷口薫・尾崎陽子・十日町断層研究グループ（1998 b）：トレンチ調査からみた新潟県南部，十日町断層の性質と活動期，地球惑星科学関連学会1998年合同大会予稿集，p.316-317.

大八木規夫（2004 a）：I，1章，分類／地すべり現象の定義と分類，地すべりに関する地形地質用語委員会編「地すべり―地形地質的認識と用語」，社団法人日本地すべり学会，p.3-15.

大八木規夫（2004 b）：I，3章，地すべり構造，地すべりに関する地形地質用語委員会編「地すべり―地形地質的認識と用語」，社団法人日本地すべり学会，p.29-45.

大八木規夫・清水文健・井口隆（2004）：5万分の1地すべり地形分布図「小千谷」，地すべり地形分布図，第17集，「長岡・高田」

大八木規夫（2005 a）：地すべり地形の判読，12，Fukadaken News，76号，p.7-22.

大八木規夫（2005 b）：地すべり地形の判読，13，Fukadaken News，78号，p.5-20.

大八木規夫（2005 c）：2004年新潟県中越地震により発生した地すべりのタイプと特徴，深田地質研究所年報，6号，p.167-191.

大八木規夫（2005 d）：地すべり地形の判読，14，Fukadaken News，80号，p.5-20.

大八木規夫（2006 a）：地すべり地形の判読，15，Fukadaken News，82号，p.9-24.

大八木規夫（2006 b）：地すべり地形の判読，16，Fukadaken News，79号，p.5-20.

大八木規夫（2006 c）：地すべり地形の判読，17，Fukadaken News，85号，p.5-12.

大八木規夫（2007）：地すべり地形の判読，18，Fukadaken News，88号，p.9-20.

大八木規夫・内山庄一郎・井口隆・藤田勝代・川村喜一郎（2006）：中越地震によって発生した一ツ峰沢地すべりの構造，第45回日本地すべり学会研究発表会，1-09，p.31-34.

大八木規夫・内山庄一郎・井口隆・藤田勝代・横山俊治・上野将司・川村喜一郎・斉藤華苗（2006）：中越地震によって発生した一ツ峰沢地すべりの構造，財団法人深田研究所年報，7号，p.147-168.

岡本隆・松浦純生・浅野志穂（2006）：中越地震によって発生した再活動型地すべりの長期変動観測，第45回日本地すべり学会研究発表会，1-10，p.35-38.

小野田敏・小川喜一朗・高山陶子・村木広和・寺本忠正・藤井紀綱・平松孝晋・千葉達朗（2005）：高分解デジタル写真による中越地

震の被害状況，日本地すべり学会・日本応用地質学会平成16年新潟県中越地震災害調査報告会講演集，p.37-42.

小川喜一朗・小野田敏（2005）：斜面崩壊・地すべり発生分布とその形態，（社）砂防学会中越地震土砂災害調査団報告会，p.7-10.

小山内信智（2005）：国総研等の主な緊急対応，（社）砂防学会中越地震土砂災害調査団報告会，p.19-21.

釜井俊孝（2005）：中越地震による郊外住宅地の斜面災害，日本地すべり学会・日本応用地質学会平成16年新潟県中越地震災害調査報告会講演集，p.43-42.

河島克久・和泉薫・伊豫部勉（2005）：中越地震と豪雪がもたらした複合災害，，新潟大学・中越地震新潟大学調査団，新潟県連続災害の検証と復興への視点，p.164-170.

川邉洋・権田豊（2005）：新潟県中越地震の概要，（社）砂防学会中越地震土砂災害調査団報告会，p.3-4.

川邉洋・権田豊・丸井英明・渡部直喜（2005）：新潟県中越地震による土砂災害，新潟大学・中越地震新潟大学調査団，新潟県連続災害の検証と復興への視点，p.130-139.

川邉洋・権田豊・丸井英明・渡部直喜・土屋智・北原曜・小山内信智・笹原克夫・中村良光・井上公夫・小川喜一朗・小野田敏（2005）：2004年新潟県中越地震による土砂災害（速報），砂防学会誌，57巻5号，口絵，及び，p.45-52.

川邉洋・権田豊・丸井英明・渡部直喜・土屋智・北原曜・小山内信智・内田太郎・栗原淳一・中村良光・井上公夫・小川喜一朗・小野田敏（2005）：新潟県中越地震による土砂災害と融雪後の土砂移動状況の変化，砂防学会誌，58巻3号，口絵，及び，p.44-50.

金幸隆（2004）：魚沼丘陵の隆起過程と六日町断層の活動累積，活断層研究，24号，p.63-75.

黒田清一郎・奥山武彦・有吉充・田中絢子（2006）：中越地震によって発生した大規模農地崩壊について，—小千谷市西部の事例と空中写真を用いた機構解明—，第45回日本地すべり学会研究発表会，1-08，p.29-30.

建設省河川局砂防部（1995）：地震と土砂災害，企画・編集／（財）砂防・地すべり技術センター，製作・発行／砂防広報センター，61p.

國生剛治（2005）：3.2 斜面崩壊，土木学会（第1次）・地盤工学会合同調査団 調査速報（Ver.1.0，2005年1月11日），p.1-12.

國生剛治・安田進（2005）：3.3 斜面崩壊による河道閉塞ダム，土木学会（第1次）・地盤工学会合同調査団 調査速報（Ver.1.0，2005年1月11日），p.1-9.

国土交通省国土技術政策総合研究所・（独）土木研究所・（独）建築研究所（2005）：平成16年（2004年）新潟県中越地震被害に係わる現地調査概要，187p.

国土交通省砂防部（2005）：新潟県中越地震による土砂災害に対する取組み，—職員の派遣等—特集I 新潟県中越地震，治水と砂防，163号，p.14-15.

国土交通省北陸地方整備局（2004a）：「平成16年新潟県中越地震」による被害と復旧状況（平成16年11月5日現在），16p.

国土交通省北陸地方整備局（2004b）：芋川河道閉塞対策検討委員会第2回資料，平成16年11月26日開催

国土交通省北陸地方整備局（2004c）：「平成16年新潟県中越地震」による被害と復旧状況〈第2報〉，（平成16年12月28日現在），16p.

国土交通省北陸地方整備局湯沢砂防事務所（2005）：平成16年（2004年）新潟県中越地震による土砂災害と対応，16p.

国土交通省湯沢砂防事務所（2000）：平成11年度土砂災害履歴調査報告書，日本工営株式会社

国土交通省湯沢砂防事務所（2001）：湯沢砂防の管内とその周辺の土砂災害，日本工営株式会社，44p.

国土交通省湯沢砂防事務所（2004）：平成15年度管内微地形情報システム整備業務委託報告省，砂防エンジニアリング株式会社

国土交通省湯沢砂防事務所（2005）：平成16年度管内微地形情報システム整備業務委託報告省，砂防エンジニアリング株式会社

国土交通省湯沢砂防事務所（2007）：芋川砂防かわら版，—中越地震復興ニュース—，4p.

国土地理院（1991）：土地条件図，1/2.5万「長岡」図幅

国土地理院（2004年10月29日作成）：新潟県中越地震災害状況図，縮尺1/30000

国土地理院（2004年11月01日作成）：新潟県中越地震災害状況図，縮尺1/30000

国土地理院（2004年11月12日作成）：新潟県中越地震災害状況図，縮尺1/30000

国土地理院（2006）：平成16年新潟県中越地震 1:25,000災害状況図，「山古志」，「小千谷」，「十日町」図幅（カラー段彩図及び災害情報），国土地理院技術資料，D・1-No.451

国土地理院（2006）：平成16年新潟県中越地震 1:25,000災害状況図，「山古志」，「小千谷」，「十日町」図幅（地形分類及び災害情報），国土地理院技術資料，D・1-No.451

小池正司（2005）：新潟県中越大震災における土砂災害，特集I 新潟県中越地震，治水と砂防，163号，p.8-10.

小林巌雄・立石雅昭・吉岡敏和・島津光夫（1991）：長岡地域の地質，地域地質研究報告（5万分の1地質図幅），地質調査所，新潟（7），38号，132p.

小林幹雄（2005）：新潟県中越大震災による土砂災害に対する取り組み，—土砂災害対策緊急支援チームによる緊急点検の実施に—，特集I 新潟県中越地震，治水と砂防，163号，p.16-19.

小松原琢（1993）：新潟平野北東縁の活褶曲地域に見られる隆起量と侵食様式・削剥強度の関係，地学雑誌，102巻3号，p.264-278.

小松原琢・中澤努・宮地良典・中島礼・吉見雅行・卜部厚志（2006）：2004年新潟県中越地震の地震動を増幅させた扇状地堆積物：新潟県川口町麦山盆地の例，地質学雑誌，112巻3号，p.188-196.

笹原克夫（2005）：今後の土砂移動現象とその調査，（社）砂防学会中越地震土砂災害調査団報告会，p.17-18.

佐藤早苗・氏原英敏・豊島剛志・小林健太・渡部直喜・大川直樹・和田幸永・小河原孝彦・播磨雄太（2005）：2004年新潟県中越地震による地下水異常，新潟大学・中越地震新潟大学調査団，新潟県連続災害の検証と復興への視点，p.50-63.

佐藤浩・関口辰夫・小白井亮一・鈴木義宣・飯田誠（2004）：斜面災害発生分布図と地形・地質・震源の重ね合わせ，平成16年新潟県中越地震による斜面災害緊急シンポジウム講演集，p.7-15.

信濃川段丘研究グループ（1971）：新潟県十日町付近の河岸段丘について，—新潟県の第四系そのVIII，新潟大学教育学部高田分校研究紀要，15号，p.303-320.

島野安雄・永井茂（1993）：日本水紀行，（4）甲信越地域の名水，地質ニュース，466号，p.42-62.

清水文建・大八木則夫・井口隆（2004）：5万分の1地すべり地形分布図「半蔵金」，地すべり地形分布図，第17集，「長岡・高田」

鈴木郁夫（2005）中越地震と活断層，特集新潟県中越地震，地理，50巻6号，p.24-35. 及び口絵

（社）砂防学会（2005）：新潟県中越地震土砂災害調査研究委員会，第一回委員会資料，21p.

鈴木隆介（2005）：3.1 地形と活褶曲，土木学会（第1次）・地盤工学会合同調査団 調査速報（Ver.1.0，2005年1月11日），p.1-7.

高橋明久・荻田茂・山田孝雄・森屋洋・阿部真郎・原口強（2005）：2004年新潟県中越地震により一ツ峰沢に発生した岩盤地すべり，日本地すべり学会誌，42巻2号，p.19-26.

高山陶子・鈴木雄介・村木広和・小野田敏（2005）：中越地震において発生した地すべりの微地形解析，第44回日本地すべり学会研究発表会，p.481-484.

竹内圭史・柳沢幸一・宮崎純一・尾崎正紀（2004）：中越魚沼地域の5万分の1数値地質図（Ver.1)，地質調査総合研究センター研究資料集，NO.412，産業技術総合研究所地質調査総合センター．

田中真弓（2000）：信濃川中流域，十日町盆地における河成段丘の変位からみた活褶曲と活断層との関係，第四紀研究，39巻，p.29-41.

田中頼博・若井明彦・神藤健一・伊藤和広（2006）：中越地域の震度予測のための土質定数とその感度分析，第45回日本地すべり学会研究発表会，3-19，p.293-296.

千木良雅弘（2004a）：2004年10月23日中越地震による東山丘陵斜面災害について，—地質・地形的特徴—，科学技術振興調整費に関る緊急報告，p.1-8.

千木良雅弘（2004b）：2004年10月23日中越地震による東山丘陵斜面災害について，平成16年新潟県中越地震による斜面災害緊急シンポジウム講演集，p.36-44.

千木良雅弘（2005a）：中越地震による斜面災害の地質・地形的特徴，日本地すべり学会・日本応用地質学会，平成16年新潟県中越地震被害調査報告会講演集，p.12-21.

千木良雅弘（2005b）：2004年新潟県中越地震による斜面災害の地質・地形的特徴，応用地質，46巻3号，p.115-124.

Chigira, M. & Yagi, H.(2006): Geological and Geomorphological characteristics of landslides triggered by the 2004 Mid Niigata prefecture earthquake in Japan, Engineering Geology, vol.82, p.202-221.

豊島剛志・小林健太・岩下享平・大塚洋之・佐藤早苗・氏原英敏・大川直樹・大橋聖和・和田幸永・小安孝幸・小河原孝彦・山本亮・渡部直喜・立石雅昭・島津光夫（2005）：新潟県中越地震における地震断層と地表変状の構造地質学的調査，新潟大学・中越地震新潟大学調査団，新潟県連続災害の検証と復興への視点，p.21-31.

長岡市災害対策本部編集（2005）：中越大震災，自治体の危機管理は機能したか，ぎょうせい，228p.

中越地震新潟大学調査団，新潟県連続災害の検証と復興への視点，p.64-71.

中條均紀（1999）：古志の里I，中條均紀写真集，アートヴィレッ

ジ，112p.

中條均紀（2004）：古志の里II，中條均紀写真集，新潟日報事業社，108p.

中條均紀（2005）：山古志村ふたたび，中越地震復興応援写真集，小学館．

新潟県（2000）：新潟県地質図2000年版（1/20万）

新潟県中越地震による土砂災害研究小委員会（2005）：2004年新潟県中越地震による斜面災害の融雪後の状況について，応用地質，46巻5号，p.293-302.

新潟大学人文学部地域文化連携センター（2005）：シンポジウム新潟県中越地震からの文化遺産の救出と現状，資料集，66p.

新潟大学人文学部地域文化連携センター・新潟大学中越地震被災資料　救出をめぐる地域連携・教育プロジェクト（2005）：シンポジウム新潟県中越地震と文化財・歴史資料，―1年間のとりくみ―資料集，73p.

新潟大学人文学部地域文化連携センター・新潟歴史資料救済ネットワーク（2005）：山古志民俗資料館収蔵品救出プロジェクトの記録（撮影日時：2005年5月21～22日），CD-ROM

新潟大学・中越地震新潟大学調査団（2005）：新潟県連続災害の検証と復興への視点，―2004.7.13水害と中越地震の総合的検証―，217p.

新潟県治山課（1960）：地すべり調査報告書，（東頸城郡松之山町湯本地すべり）

新潟県土木部砂防課（2005）：新潟県中越地震と土砂災害，68p.

新潟県土木部砂防課（2006）：新潟県の砂防，20p.

新潟県長岡地域振興局災害復旧部（2005）：元気だしていこー！新潟，新潟県中越大震災のすがた，A0版パンフレット．

新潟県農林水産部治山課（1978-81）：地すべり調査総括書，I～V，I―地すべりと地質及び地質構造の関係―，79p.，II―西頸城地域編―，260p.，III―中頸城地域・東頸城地域編(1)―，321p.，―中頸城地域・東頸城地域編(2)―，171p.，IV―魚沼地域・中越地域編―，423p.，V―中蒲原郡，東蒲原郡，岩船・佐渡地域編―，229p.

新潟県農林水産部農地建設課（1984）：新潟の地すべり，212p.

西井洋史（2005）：芋川流域における河道閉塞対策，特集I　新潟県中越地震，治水と砂防，163号，p.20-26.

日本応用地質学会（2005）：平成17年度特別講演およびシンポジウム予稿集，テーマ「地形工学の新たな展開―新潟県中越地震災害の実態を踏まえて―」，42p.

日本地すべり学会・日本応用地質学会（2005）：平成16年新潟県中越地震被害調査報告会講演集，68p.

野口忠広・矢島光一（2005）：新潟県中越地震時における地すべり活動と地下水挙動の事例紹介，第33回シンポジウム講演集（新潟県中越地震と地すべり―その1―），日本地すべり学会新潟支部，p.16-19.

野崎保（2005）：新潟県中越地震の震源域における地すべりの偏在発生と基盤岩の地質工学的特性（予報），新潟県中越地震と地すべり―その1災害調査報告会―，（社）日本地すべり学会新潟支部第33回シンポジウム，p.42-47.

ハスバートル・花岡正明・丸山清輝・小嶋伸一・鈴木滋・村中亮太（2006）：地震に伴う再活動型地すべりの挙動及び機構，―尼谷地すべりの例―，第45回日本地すべり学会研究発表会，2-10，p.157-160.

ハスバートル・花岡正明・丸山清輝・村中亮太・鈴木滋（2006）：2004年新潟県中越地震における再滑動型地すべりの特徴，，第45回日本地すべり学会研究発表会，p-10，p.379-382.

早津賢二・新井房夫（1981）：信濃川中流域におけるテフラ層と段丘面形成年代，地質学雑誌，55巻，p.130-138.

廣瀬典明・坂井俊介・山本宏幸・刈屋賢一（2006）：中越地震で発生した「迯入地すべり」の移動特性，第45回日本地すべり学会研究発表会，2-13，p.165-168.

古谷尊彦・伊藤俊方・白倉政道・久保範典（2006）：中越地震で見られた岩面・岩盤内割目に破壊面を有する地すべりについて，第45回日本地すべり学会研究発表会，2-10，p.157-160.

防災科学技術研究所（2004）：地すべり地形分布図，第17集，「長岡・高田」，防災科学技術研究所研究資料，244号．

北陸地方整備局中越地震復旧対策室・湯沢砂防事務所（2004年12月）：平成16年（2004年）新潟県中越地震芋川河道閉塞における対応状況，16p.

町田貞・池田宏（1969）：信濃川中流域における段丘面の変位，地理学評論，42巻，p.623-631.

町田洋・松田時彦・海津正倫・小泉武栄（2006）：日本の地形5，中部，東京大学出版会，387p.

丸井英明・吉松弘行（2005）：中越地震により生じた地すべりダム対策，日本地すべり学会・日本応用地質学会，平成16年新潟県中越地震被害調査報告会講演集，p.60-68.

丸井英明・渡部直喜（2005）：芋川流域で発生した地すべり・斜面崩壊，（社）砂防学会中越地震土砂災害調査団報告会，p.5-6.

丸井英明・渡部直喜・川邉洋・権田豊（2005）：中越地震による斜面災害と融雪の影響について，新潟大学・中越地震新潟大学調査団，新潟県連続災害の検証と復興への視点，p.148-155.

宮城豊彦・千葉則行（2005）：2004年新潟県中越地震による斜面災害と土地条件，日本地すべり学会・日本応用地質学会，平成16年新潟県中越地震被害調査報告会講演集，p.22-29.

宮城豊彦（2005）：新潟県中越地震と地すべり性の自然環境，特集新潟県中越地震，地理，50巻6号，p.70-73.

宮下健夫・豊島剛志・小林健太（2005）：新潟県中越地震の地質学的背景，新潟大学・中越地震新潟大学調査団，新潟県連続災害の検証と復興への視点，p.17-20.

向山栄（2005）：レーザ計測から得られる細密デジタル地形情報，平成17年度特別講演およびシンポジウム予稿集，日本応用地質学会，p.10-18.

森俊勇・井上公夫・水山高久・植野利康（2007，投稿中）：梓川上流トバタ崩れ（1757）に伴う天然ダムの形成と決壊対策，砂防学会誌，60巻．

八木浩司（2005）：2004年新潟県中越地震にともなう地すべり・崩壊分布，―その特徴と詳細判読事例―，応用地質，46巻3号，p.145-152.

八木浩司・朝日航洋株式会社・国土防災株式会社（2004）：新潟県中越地震により発生した地滑り崩壊の詳細判読図

八木浩司・山崎孝成・守岩勉（2005）：2004年新潟県中越地震にともなう地すべり・崩壊分布，―その特徴と詳細判読事例―，日本地すべり学会・日本応用地質学会，平成16年新潟県中越地震被害調査報告会講演集，p.3-11.

八木浩司・山崎孝成・守岩勉・渥美賢拓（2005）：2004年新潟県中越地震に伴う地すべり・崩壊分布，―その特徴と詳細判読事例―，応用地質，46巻3号，p.145-152.

八木浩司・山崎孝成・渥美賢拓（2007）：2004年新潟県中越地震にともなう地すべり・崩壊発生場の地形・地質的特徴のGIS解析と土質特性の検討，日本地すべり学会誌，43巻5号，p.44-56.

矢田俊文（2005a）：中越地震被災地からの文化遺産の救出，新潟大学・中越地震新潟大学調査団，新潟県連続災害の検証と復興への視点，p.185-189.

矢田俊文（2005b）：新潟県中越地震被災地の文化遺産とその救出，日本遺跡学会誌，2号，p.44-49.

柳沢幸夫・小林巌雄・竹内圭史・立石雅昭・千原一也・加藤碩一（1986）：小千谷地域の地質，地域地質研究報告（5万分の1地質図幅），新潟（7）第50号，地質調査所，177p.

山形耕太郎（2005）：中越地震と地域特性，特集新潟県中越地震，地理，50巻6号，p.36-51.

山岸宏光・丸井英明・渡部直喜・川邉洋（2005）：2004年新潟県中越地域2大同時多発斜面災害の特徴と比較，新潟大学・中越地震新潟大学調査団，新潟県連続災害の検証と復興への視点，p.140-147.

Yamagishi, H., Iwahashi, J. (2006): GIS using analyses of landslides by 7.13 heavy rainfall and 10.23 intensive earthquake in Mid Niigata, Japan, 第45回日本地すべり学会研究発表会，2-09, p.153-156.

山下昇・小坂共栄・矢野賢治（1985）：長野県青木湖北岸の佐野坂山の崩壊堆積物，信州大学理学部紀要，20巻2号，p.199-220.

吉田雅行・小松原琢・宮地良典・木村克己・吉田邦一・関口春子・佐伯昌之・尾崎正紀・中澤努・中島礼・国松直・竿元秀貴（2005）：2004年10月23日新潟県中越地震被害調査，―構造物被害と地形との関係，地質ニュース，607号，p.18-28.

由田恵美・高島誠・柴崎達也・山崎孝成・石栗一良（2006）：中越地震により再活動した岩盤地すべりのすべり面の特徴とそのせん断強度，第45回日本地すべり学会研究発表会，1-29，p.103-106.

若井明彦・川端宏和・渡邉泰介・張馳・神藤健一・伊藤和広・田中頼博（2006）：高度な計算環境を前提としない山間地広域FEM震度予測システム，第45回日本地すべり学会研究発表会，3-20，p.297-300.

若井明彦・渡邉泰介・源田真宏・川端宏和・神藤健一・張馳（2006）：山間地広域FEM震度予測システムの妥当性検証，第45回日本地すべり学会研究発表会，3-21, p.301-304.

若松加寿江・吉田望・規矩大義（2005）：新潟県中越地震による液状化現象，日本地すべり学会・日本応用地質学会，平成16年新潟県中越地震被害調査報告会講演集，p.51-59.

渡辺満久・太田陽子・鈴木郁夫・沢祥・鈴木康弘（2000）：越後平野西端，鳥越断層群の完新世における活断層と最新活動時期，地震，53巻，p.153-164.

渡辺満久・堤浩之・鈴木康弘・金幸隆・砂糖尚登（2001）：2.5万都市圏活断層図「小千谷」，国土地理院

あとがき

『初・中級編』と『中・上級編』で取り上げて説明した事例は，地学的なタイムスケールで考えれば，ほんの数年から数百年前に起こった現象であり，今後も起こりうる現象です．演習帳や実例問題を読んでいただき，読図（作図）をすることによって，等高線で描かれた地形図から地形の立体的特性を把握できるようになると思います．

土砂災害を防止・軽減するという立場からすれば，ハード対策（防止工事や復旧対策工事）が可能な規模の土砂移動現象だけでなく，現在の技術力では対応できないような巨大な土砂移動現象と言えども，対策を放棄することはできません．勿論，このような大規模土砂移動に対して，ハード対策をすぐに実施する必要はありませんが，警戒・避難対策や総合的な土地利用計画を含めたソフト対策を検討する必要があります．そのためにも，詳細な地形の立体的把握と背景としての地形発達史を十分に把握する必要があります．

例えば，地震や火山活動時に大規模な土砂移動現象が起きそうな斜面を事前にリストアップし，これらの地形の変形度や現状での変動状況（リニアメントや亀裂の有無）を把握しておくことは可能でしょうか．初期の変形した地形を発見できれば，各種の計測器による観測によって，その変動状況が把握できます．そうすれば，直接地すべり性崩壊を防止する対策工事を事前に実施するなど，現在の技術と経済力でもカバーできる領域も存在するでしょう．また，当該斜面の監視体制を樹立しておけば，対策工事を事前に実施しなくても，大規模な土砂移動現象の発生予測が可能となり，現行の土砂災害対策施設の弱点（砂防施設の弱点）も指摘でききると思います．

このような対応策を順次実施していけば，警戒・避難体制（ソフト対策）を充実させることにより，より合理的な流域全体の土地利用計画の立案も可能となるでしょう．流域全体の長期的な土砂管理や土地利用計画は，行政だけでなく地域住民の意見を充分に取入れて実施すべき課題だと思います．

そのためには防災の専門家だけでなく，土砂災害の危険性の高い地域に住む住民が，自分の住んでいる土地の立体的特性（地形特性）を地形図から読み取り，災害の歴史と背景としての地形・地質特性（地形発達史）を把握しておく必要があります．

『中・上級編』を2006年7月に発刊して以来，多くの方々からコメントや批評をいただきました．また，多くの先生方に学会誌などに書評や新刊紹介の記事を書いていただきました．

『初・中級編』の編集にあたっては，これらのコメントや批評を考慮に入れながら，編集作業を行いました．また，2006年の1月1日と5日に発行された国土地理院の地図をもとに読図の修正，計測作業を追加しました．このため，編集作業が大幅に遅れてしまい，申し訳ありませんでした．『初・中級編』の購入依頼や問い合せをいただいた方にお詫び申し上げます．

中央大学理工学部の鈴木隆介先生にも貴重なアドバイスと励ましの言葉を多くいただきました．

鈴木隆介先生の『建設技術者のための地形図読図入門』の第4巻が3年前に完成した時に，砂防学会誌に「新刊紹介」（57巻1号）を投稿させていただきました．その後，古今書院の関田伸雄氏から続編のような演習問題集を作成したいという話がありました．その後，古今書院の会議室で，井上・向山・関田で何回も編集会議を開き議論ました．編集作業に2年の歳月をかけて，『中・上級編』を2006年7月に出版しました．そして，1年遅れて『初・中級編』の出版となりました．

東京都立大学理学部地理学科同窓生の高橋真理さんに読図（作図）作業をしていただき，読図作業の方法を確認してもらいました．編集にあたっては，東京農工大学や東京都立大学（首都大学東京）の非常勤の授業を受けていただいた学生さんとの議論や，一緒に仕事をしてきた日本工営（特に笠原亮一さん）と国際航業，及び，財団法人砂防フロンティア整備推進機構の皆さんに非常に多くの支援やアドバイスを受けました．

これらの方々に深く感謝致します．

筆者の一人（井上）は，1999年の夏，オーストリアの砂防施設を見学させていただきました．自然と調和した砂防施設の景観に非常に感心しました．また，行政と地域住民が一体となって，ハザードマップが公表され，その土地の危険度に見合った土地利用計画がなされ，砂防施設の実施計画が決定されていくシステムに驚かされました．

自分たちの住む土地の地形特性を知るために，『初・中級編』と『中・上級編』を読破され，等高線で描かれた地形図の読図方法を少しでもマスターしていただければ幸いです．

平成19年2月

井上公夫，向山　栄

著者紹介

井上公夫　いのうえきみお

1948年東京都生まれ。東京都立大学理学部地理学科卒業。
財団法人砂防フロンティア整備推進機構　参与・技師長。
京都大学博士（農学），技術士（応用理学）
著書に『地震砂防』（共著，古今書院）『天然ダムと災害』
（共著，古今書院）『建設技術者のための土砂災害の地形判読
実例問題　中・上級編』（古今書院）

向山　栄　むこうやまさかえ

1955年東京都生まれ。北海道大学大学院理学研究科修了。
国際航業株式会社技術センター向山研究室長。
博士（理学），技術士（応用理学，建設）
著書に『山地の地形工学』（共著，日本応用地質学会編，古今書院）
『応用地形セミナー空中写真判読演習』（共著，日本応用地質学会編，古今書院）

書　名	建設技術者のための地形図判読演習帳　初・中級編
コード	ISBN978-4-7722-5207-2　C3051
発行日	2007年5月1日　初版第1刷発行
著　者	井上公夫・向山　栄
	Copyright ©2007 Inoue Kimio and Mukouyama Sakae
発行者	株式会社古今書院　橋本寿資
印刷所	株式会社カシヨ
製本所	株式会社カシヨ
発行所	古今書院
	〒101-0062　東京都千代田区神田駿河台2-10
電　話	03-3291-2757
FAX	03-3233-0303
振　替	00100-8-35340
ホームページ	http://www.kokon.co.jp/
	検印省略・Printed in Japan